仿古建筑设计图集

刘宪文　著

U0213962

中国建筑工业出版社

图书在版编目（CIP）数据

仿古建筑设计图集/刘宪文著. —北京：中国建筑工业出版社，2017.1

ISBN 978-7-112-20333-8

Ⅰ. ①仿… Ⅱ. ①刘… Ⅲ. ①仿古建筑-建筑设计-中国-图集 Ⅳ. ①TU29-64

中国版本图书馆 CIP 数据核字（2017）第 013804 号

责任编辑：唐　旭　陈仁杰
责任设计：王国羽
责任校对：焦　乐　张　颖

本图集以宋《营造法式》、清工部《工程做法则例》为依据。对于结构构件的材料等使用，在以宋、清两代法则的基础上，作了部分调整与修改。该图集共分五章，第一章：仿古建筑大木作结构——殿堂、大厅；第二章：府第、公园大门，前两部分均为大木作结构；第三章：钢筋混凝土与大木作混合结构——楼阁、长廊、轩、水榭、凉亭；第四章：综合性的斗栱图集；第五章：宋代斗栱示意图及部分附图，以供广大读者了解和掌握古建筑的知识，适合广大工程技术人员阅读使用。

仿古建筑设计图集

刘宪文　著

*

中国建筑工业出版社出版、发行（北京海淀三里河路 9 号）
各地新华书店、建筑书店经销
霸州市顺浩图文科技发展有限公司制版
北京中科印刷有限公司印刷

*

开本：880×1230 毫米　1/16　印张：13¾　字数：260 千字
2017 年 7 月第一版　　2017 年 7 月第一次印刷
定价：**50.00** 元
ISBN 978-7-112-20333-8
（29774）

版权所有　翻印必究

如有印装质量问题，可寄本社退换

（邮政编码 100037）

前　言

本人专业：工业与民用建筑。自 20 世纪 70 年代初，对中国古代建筑颇感兴趣，故此，我先后在本地、曲阜、泰安等地进行考察，后又自费奔赴中国大江南北、历史文化名城、风景名胜等地，对中国的古代建筑、风景园林进行考察，学习、研究断断续续达十年之余。为进一步加深对古建筑的学习和研究，并能征得名人的指点，为此，先后结识了国家文化部文物科学技术研究所祁英涛先生、山东省文物保护科学技术研究所毕宝启先生。自结识两位先生之后，我深受先生的热情帮助和指导，为此，使我对古建筑的学习、研究更加充满信心。通过两位先生的指导和我个人的刻苦努力，使我基本上掌握了古建筑这门科学的知识。于 1985 年的秋初，我对大木作结构中的"斗栱"作了认真的研究，并且利用业余时间，利用工地上的木材废料，在木工师傅的支持和帮助下，我亲手制作了三到九踩平身科"斗栱"。通过斗栱的制作，让我充分掌握了斗栱的结构原理。斗栱是在古建筑结构中颇为复杂的结构构件，非专业人员则不大易懂。自 1980 年代以来，全国各地出版了颇多的关于古建筑方面的科技书籍、杂志、论文等，书中的介绍及插图，皆按照宋、清两代之规定以分、斗口为单位进行标注，而给非专业人员蒙上了一层密厚的面纱，使之无法了解古建筑结构中的深奥之谜。所以，本图集按宋代标注的"十分"为 100 毫米（mm）；按清代十口份为"一斗口"即 100 毫米（mm）进行解析，我的这种演变以毫米为单位的标注，给非专业人员和广大读者解决了一大难题，这样都能易学、易懂。

为了让建筑行业的广大工程技术人员和读者对古建筑这门科学艺术易学、易懂，故我将这块蒙眬的面纱揭开，能清楚地看到并能深入了解古建筑结构之原理及其艺术奥妙。然而，我以现代设计制图之手法，在以清工部《工程做法则例》的基础上进行演变、创意，以毫米为单位将斗栱中各个大、小构件进行分割、解剖、标注。于 1986 年 9 月份，已将"平身科斗栱图"整理成册。此后我将该图先后邮寄给祁英涛、毕宝启两位先生指导，并请二位先生提出宝贵的建议。祁、毕两位先生看过之后，对我的这种创意——绘制整理的"斗栱"图，颇为赞赏，并且，给予我较高的评价，建议我将整理的斗栱图，提供给从事建筑行业的工程技术人员、广大读者作一份阅读、参考的资料。从此之后有两位先生对我的栽培和鼓励，使我更加坚定对古建筑学习和研究的信心。

中国古建筑亦称古代建筑，自 20 世纪 50 年代以来，国家政府对古建筑的保护、修缮极为重视，古建筑的维修任务日趋繁重。由于社会的推动和发展，城市的建设日新月异，旅游事业在蓬勃发展，仿古建筑的建造项目也日益增多。全国各地都在兴建旅游景点，营造大、中、小型仿古建筑，如大型的佛教仿古群体建筑——山门、天王殿、大雄宝殿、藏经阁、钟鼓楼、东西厢房等；中、小型的庙宇、祠堂、楼阁、厅堂、轩、廊、亭台，数不胜数。由于地方特色、民族风格的差异，在仿古建筑设计、建造等方面各有所不同并存有较大差异。有的仿唐、有的仿宋、有的仿清式建筑，在全国各地，仿古建筑展现出丰富多彩的艺术形象。

为弘扬中华民族文化、传承和发展民族建筑艺术，为广大读者便于了解和掌握古建筑的这门知识，通过我本人的努力学习与研究，对仿古建筑大木作结构及混合结构，绘制出了不同类型、不同层次、不同色彩、不同等级式样的多种仿古建筑图例，如庑殿、歇山、悬山、硬山、尖脊、卷棚等结构图例汇集整理成册，故名为《仿古建筑设计图集》。该图集的设计，是以宋《营造法式》、清工部《工程做法则例》为依据。对于结构构件的材料等使用上，在以宋、清两代法则的基础上，作了部分调整与修改。该图集共分五章，第一章：殿堂、大厅；第二部分：府邸、公园大门，前两部分均为仿古建筑大木作结构；第三部分：钢筋混凝土与大木作混合结构——楼阁、水榭、轩、廊、亭台；第四部分：斗栱图集及部分附图；第五部分：宋代斗栱示意图。

这次对仿古建筑设计的整体构思，重点是以结构为主，结构是房屋的整体骨架，当一栋房屋没有完整骨架，它就形不成完整的结构体系。对古建筑结构来讲，并无南、北派之分，在结构的原理上是相同的。只不过在结构的构件制作及艺术处理的手法上有不同而已。本设计建筑造型之正、侧面大样图的绘制，乃江北黄河两岸的民族风格进行考虑的。

目前，随着社会的发展，全国各地仿古建筑在一步一步地往前推进，将大木作结构，逐步地往钢筋混凝土这方面发展。对于两者结构，各有不同之特点。对木结构来说，它是用木料制作，利用卯、榫相互拉接、相互支撑而形成木排、框架式的整体结构体系，这种结构既有弹性，又有柔性，而且对防震来说，具有缓解颠覆之性能，况且利用这种高超侧脚的艺术性能，可以将整体骨架抱成一体，当上部屋面上的荷载传递下来，各受力构件愈压愈紧而不容易松动、散开。拿现代的钢筋混凝土结构来说，它具有耐久、耐腐蚀、结构整体性强、寿命长而不容易受损的特点。但是在油漆、彩画方面，钢混结构不如木结构效果好，钢混结构之油漆、彩画，一旦处理不好，在短时间内油漆易脱落。

对于混凝土结构构件的油漆这方面来讲，我在"中国民族建筑研究会第二届营造技术的保护与创新学术论坛会"上，发表了一篇关于"仿古建筑混合结构"论述，重点谈混凝土结构构件的油漆做法。我于1996年设计的济东新村公园仿古大门、大厅、垂花门等，平板枋、柱头以下部分，全为混凝土结构。在油漆方面，我采用的是两布五灰的做法，通过实践证明至今，该混凝土构件，仅发现局部有碰撞现象，造成油漆有局部的轻微脱落，在脱落的部位却看不到水泥构件的本色，而无油漆与水泥构件离析现象，只明显地看到浅红色的布纹。对混凝土构件，我谈到的这种油漆做法，只要不遭受严重的碰撞及损伤，只会陈旧，而不会轻易出现油漆掉皮、脱落及离析现象。

一、古建筑营造的基本理念，通俗地讲，进深面阔定柱高，柱高定柱径，柱高定出檐。柱高一尺出椽（出檐）三寸，如面阔（开间）为5米，柱高定为5米，柱高定柱径亦就是说以柱高来确定柱径的大小。按宋代之规定柱径取柱高的十二分之一，按清代规定柱径取柱高的十分之一。从两者来看，清代柱径大于宋代柱径，清代柱径显得较为肥大、粗笨。早在20世纪50年代，梁思成先生及有关专家、学者，对宋、清两代的建筑的论述中已表明，清代使用的建筑材料其规格大于宋代之规定，实践证明，清代建筑之结构落后于宋代建筑。

二、斗栱是古建筑梁架结构中的一个重要组成部分，是结构完善制作精细的结构构件，亦是古建筑特有的一项技术成就。斗栱是用来承托梁枋、支撑屋檐的结构构件，它还能起到衬托和美观的装饰效果。

三、斗栱由各种不同大、小构件组装而成。从外形上看重重叠叠，结构严谨，颇为复杂，非常奥妙。斗栱种类繁多，大致分为：上、下檐斗栱，平身斗栱，柱头斗栱，转角斗栱等。

四、对于斗栱的名称，宋、清两代的名称叫法，各有不一。宋代的斗栱名称叫作"铺作"，柱头上的叫作"柱头铺作"，柱与柱之间的叫作"补间铺作"，转角的叫作"转角铺作"；清代的斗栱：柱头上的叫作"柱头科"，柱与柱之间的叫作"平身科"，转角部分叫作"角科"。

五、根据宋《营造法式》和清工部《工程做法则例》等有关资料，斗栱的标注单位各有不同。宋代的标注单位以尺度——尺、寸、分为单位；清代以斗口为单位。凡从事仿古建筑的人员乃一目了然。而从事现代建筑的广大施工人员，对古建筑则不大了解，又没有接触过，如同隔着一层厚纸，看不出古建筑结构中的奥妙，如站在殿堂的下面，仰目视之却眼花缭乱，尤其是斗栱，更是看不出它的结构之艺术奥妙。

六、斗栱有大小之分，斗口的大小是根据建筑的建造体积、规模大小来确定。目前，通常的仿古建筑所使用一般常见的斗栱，宋代以六分、八分、十分、十二分等，清代以0.6、0.8、1、1.2为一个斗口，即60、80、100、120毫米。大型的仿古建筑，如大型殿堂上面使用的斗栱，宋代大都为十分、十二分，清代以1斗口、1.2斗口等以上，所以，非专业人员则不大易懂。

七、本设计中的斗栱，仅是对平身科的各构件进行作了详细的标注，对于柱头、转角均未考虑，可参照《中国古建筑修缮技术》中的（第四节）斗栱图例相关标注与说明。

1. 柱头科，柱头以上至挑尖梁以下部分的斗栱，斗栱中的各昂，从下往上将昂逐步增宽其厚不变，而每根昂加宽的尺寸，上下要协调，如某建筑物，使用七踩斗栱，三踩不变，五踩斗栱之昂由原来的宽100（1斗口）增加为150（1.5斗口），七踩斗栱之昂宽，增加为200（2斗口），上面的挑尖梁前头一般宽为250，就按这个理念从下往上逐步增大。

2. 角科，对转角部分所使用之斗栱，乃为45度加正角。也就是说，从下往上至异角梁下面的蚂蚱头（要头），在转角部分出挑斜角昂。斜角昂按各踩斗栱之昂长，再加45度斜、坡长，即得出各踩斜昂的全长或以现场放大样为准。

八、古建筑斗栱，大致分为：溜金、猪嘴、如意、蜂窝等斗栱。本图中设计的斗栱，按照传统的斗栱式样，主要是对斗栱中的昂身、昂头作了修饰，其各斗、栱的尺寸、形状不变。

九、由于时代的变迁，对于斗栱的制作做法及各地区的民族风格，在制作的手法上亦有所不同，故在第四部分斗栱图集的后面附设了几张不同昂身、不同昂头的示意图，如图4-6-1～图4-6-6所示。

十、斗栱使用的一般规定和要求：按照宋《营造法式》和清工部《工程做法则例》的具体要求，每朵斗栱的使用间距，为十一斗口（即1.1米）为宜，一般最大不超过十二至十三斗口（即1.2米～1.3米），最小不小于十斗口（1米）。具体每间所使用的朵数，从理论上讲，是以斗口来确定其进深面阔的几何尺寸。如三十斗口、四十斗口、五十斗口，即分别为3米、4米、5米。对进深、面阔的设计布局，依据斗口来确定其几何尺寸大小。

十一、三十年前，我在北京故宫考察时，故宫的太和殿面阔为九间，加上两端的回廊共十一间。明间（当心间）施八朵斗栱，其每朵的间距按十一斗口计算，明间的开间（面阔）应视为九点九（9.9m）米。其数为最大数，喻义皇帝为至高无上。两端的次间施五朵斗栱，按十一斗口计算，应视为其开间（面阔）为六点六（6.6m）米，俗称为"六六大顺"。两端的回廊施三朵斗栱，其每朵间距按十一斗口计算，应视为四点四（4.4）米，喻为事事如意。大型的建筑，进深、面阔的大小，它是按照斗口的模数，斗栱的朵数来确定建筑物的大小。总之，每朵斗栱的间距，设十一斗口（1.1m），最为适宜。按照这个模数计算，即可得出你要设计的建筑物的规模大小之平面几何尺寸（进深、面阔之长宽）。

十二、斗栱有三踩、五踩、七踩、九踩。对于斗栱的使用，在古代官方上有具体的规定和要求，大型皇家宫殿，为一等建筑可使用九踩斗栱；二等建筑最多为七踩斗栱（指古代二等官员，如阁老丞相、国公王侯等）。对于斗栱使用的数量，根据官方的级别大小以及建筑物的规模大小来确定。一般单檐建筑使用三踩、五踩，重檐建筑一般下檐使用为三踩，上檐为五踩。皇家大型重檐宫殿，一般下檐为七踩，上檐为九踩，为一等庑殿建筑；二等歇山建筑，下檐一般施五踩，上檐施七踩斗栱。

十三、飞、檐、屋面椽的排放，是根据各椽的规格大小来确定。按一般要求，椽与椽之间的距离为一椽一档或一椽一档半。亦就是说，檐椽直径为100、飞椽其断面尺寸为100×100等。其间距：一椽一档计200（空挡为100）；一椽一档半计250（空挡为150）不等，以此类推。屋面椽的间距排放，一般要求是根据扒砖的长来确定。在施工过程中，为便于对扒砖的排放，按其扒砖的长度再外加10作为施工缝。

十四、大木作梁架的高宽比的计算，按宋代梁架的计算称为举折，按清代梁架的计算称为举架。按照宋、清两代的房架计算规则，作了示意图，详见本设计图集第三章后的附图4。

于山东邹城

刘光文

二〇一七年三月

目　录

概　　述

中国古建筑历史悠久，早在上古原始社会，我们的祖先就开始用木、筑土造屋，创造了人们生活居住环境之条件。随着人类社会的发展，将建造技艺一步一步地往前推进，对古建筑的造屋之法方面有着明显的提升。至商代末年（公元前 11 世纪），纣王就开始营造宫室，到了西周时期（约公元前 11 世纪～前 771 年），周武王在前朝的基础上，又进一步地往前推进，提升了建造之技术，大兴土木建筑，建造大型宫殿、舍室，中、小型官驿、民房。通过历朝历代的发展，中国的古建筑有了明显的进步，到了宋代，中国的古建筑在造制之法上进行规范而系统地总结了一套完整的建造之法则。中国的古建筑，它是一种独特的结构体系，在世界上享有盛誉，乃世界上独有的中国民族风格。通过历史证明，中国的古建筑是伟大的劳动人民智慧的结晶。历经岁月洗礼、时代更叠，乃一代代人们的精心研究、创造，所积累的成熟经验传承至今。

一、古建筑各时期的变迁

中国建筑早在 20 世纪 40 年代初，有梁思成、刘敦桢先生等专家、学者历经辛苦，奔赴大江南北，在全国各地进行考察、探讨、研究，归纳整理了宋《营造法式》、清工部《工程做法则例》两部珍贵的历史瑰宝，给广大读者和后人，提供了一份珍贵的学习阅读教材，这就是通常所说的中国两大建筑，一是"宋代建筑"，二是"清代建筑"。中国的建筑，于各朝代的变迁亦各有所不同，各朝的建筑结构形式及造制之法略有不一。在结构各分部、各构件名称上的名词叫法也大不相同，如拿"斗栱"来说，宋代名词称为"铺作"，清代名词称为"斗栱"；建筑物的四周围台上面用的条石，宋代名词称为"阶条"，清代名词称为"台明石"；"额枋"宋代名词称之为"阑额"，清代名词称之为"额枋"，等等。这充分体现了各朝代的变迁、民族风格、地方特色以及造制之法确有明显差异。例如：汉代之前秦、周时期及汉代之后各时期，东西晋、南北朝、隋、唐、宋、元、明、清，建筑的形式、结构亦有所不同，又如西安、洛阳、开封、北京、南京、沈阳宫殿，泰安岱庙，曲阜孔庙，山西太原永作寺、晋祠，河南少林寺，浙江灵隐寺，福建马祖庙，镇江金山寺，武汉黄鹤楼，湖南岳阳楼，江西滕王阁，山西鹳雀楼，四川越王楼，北京的皇家园林——北海、圆明园，颐和园，江南西湖，苏州拙政园、虎丘等。从各时期的建筑造型及结构，就能明显地看出，中国几千年建筑风格及技艺的不断演变和推进。

目前，全国各地区仍保存着不同时期、不同朝代的民族建筑，给后人留下了历史的见证。

二、建筑结构及其性能

1. 中国古建筑大屋顶之结构，据考古资料证明，早在汉代时期，就开始形成了大屋顶的结构建造形式。这种大屋顶的结构和样式是通过伟大劳动人民的精心研究和创造一步一步地往前推进和发展，才出现了丰富多彩的艺术形象。那时就已形成了庑殿、歇山、悬山、硬山、囤顶、攒尖等屋顶建造形式，后来又逐步出现了十字脊、尖脊、圆脊等。

2. 我国的古代建筑，除基础部分及墙体采用砖、石砌垒外，室内地坪以上的主体结构则全以木料制作。这种独特的结构是用四周的木柱立起，而在柱顶的上面施梁、枋，利用卯、榫之牵制，相互搭接、相互穿插、相互支撑，形成了一个完整的木构架之体系。从力学的结构上分析，这种木结构属一种木排、框架结构。这种独特的大木作结构是用木柱撑起整个建筑物，这种无根的立柱，直接墩在柱础之上，巧妙地利用周围的柱"侧脚"抱成一个团体，当屋面上的荷载传递下来，使柱、梁、枋等构件相互拉结、相互牵扯，使各个构件愈压愈紧，使整体建筑物形成完整而稳定的结构体系。这种独特高超的艺术使庞大的建筑物拔地而起。这种结构，它既有弹性，又有柔性，而且它还能缓解地震的颠覆和震动力，这种独特的大木作结构，乃世界上独有而别具一格的。

3. 中国的古代建筑，从结构构件的用料上看，明、清两代建筑亦有明显之区别。我们从两种结构构件来看，较为明显的一是柱径，二是斗栱，三是梁枋。我们在全国不同地区可以看到，明代前的柱径为柱高的十二分之一，斗栱为"溜金斗栱"。从整体来看，明代之前的建筑结构构件，显得轻翘、灵活、秀气，而清代的柱径与明代之前的柱径相对比，却略有不同。清代的柱径为柱高的十分之一，柱、梁、枋、斗栱、异角梁等构件，其规格、几何断面尺寸较为肥大，远远超出了宋代建筑大木作营造法则的规定。早在 20 世纪 50 年代，营造学社专家、学者梁思成先生等一代老前辈认为，清代建筑落后于宋代建筑，而在彩画方面，超越了宋代建筑。

三、古建筑的建造形式及等级

1. 中国的古建筑建造，从形体上来看，大致分为四种：一、庑殿建筑，二、歇山建筑，三、悬山建筑，四、硬山建筑。庑殿建筑乃为一等建筑共五条脊，一条横脊，四条斜脊，这种建筑，体积庞大，屋面施黄色琉璃瓦，雕梁画栋，宏伟壮观，金碧辉煌，别具一格，乃历代王朝至高无上的最高统治者——"皇帝"用于召集文武官员议事处理政务之处所，俗称为"金銮宝殿"。这种庞大的古代建筑，出现于不同朝代、不同时期的大型宫殿，例如，西安、洛阳、开封、北京、南京等地，现都保存着这种庞大的庑殿建筑。

2. 歇山建筑属二等建筑。这种建筑共九条脊，一条正脊，四条垂脊，四条斜脊。屋面施黄、绿色琉璃瓦，雕梁画栋。该建筑适用于历代高级官员，如丞相、国公、王侯等，亦多用于皇家门第，如城门，天安门，钟、鼓楼门，大型寺、庙等建筑。

3. 悬山建筑为三等建筑。这种建筑为五条脊，一条正脊，四条垂脊。屋面铺设黑色布瓦。该建筑多用于府、州、县衙及办公处理政务的厅、堂、舍室。

4. 硬山建筑分为两种，一种是大式做法，二是小式做法。大式做法的硬山结构，一般用于地方官员处理政内务及居住之舍室。小式硬山做法，用于民间百姓居所、店铺等。这几种建筑可从正、侧面图上分辨出不同式样。

四、中国古代建筑设计与施工

1. 相传在古代没有设计图纸，一是以画师做样，二是以师傅教徒弟，以墨迹作样的这种艺术手法而进行世代传承。

2. 各朝代的建造有专门负责营造管理的官员，在各州、府、县张贴告示，选拔天下的工匠进行比试，通过比试，选拔出一批优秀而技艺高超的能工巧匠，作为营造土木建筑设计、施工的匠师，为官府所用。

3. 史载我国早在公元前 11 世纪，周代时期，统治阶级为了城市建设，就设置了专门掌管设计、施工的管理组织机构，进行营造城郭、宫殿、官、驿室、庙宇、祠堂、风景园林、水利等工程。此后，世代沿袭，在各个朝代，就逐步形成了有专门负责、掌管城市建设的常设机构。

4. 根据历史文献记载，到了隋朝，就有了建筑图样和模型，然后根据图样将模型按比例放大，进行建造施工。到了唐、宋时期，又进一步地往前推进，在设计、施工等方面取得了新进展，有专门负责掌管工部的官员，在设计、施工等方面设置系统而规范管理的常设机构。

五、中国古建筑的艺术风格

1. 中国的古建筑，在营造做法上有很大的差异。由于各地的气候条件、地理特征、民族风格、地方特色等不同，而形成各地造制之法存有差异。从长江两岸来看，就存有明显的差别。北方气候干燥，风沙大，木料易开裂，结构构件肥大，显得粗笨。江南的气候湿润，结构构件小巧玲珑，显得灵活，在造型上，就有明显的区别，例如：江北的庑殿、歇山建筑、四角的异角梁，在中国北方来讲，异角梁的坡度一般低于水平20度至25度之间或者略有翘平。异角梁的前头安置套兽，斜脊、垂脊安置不同的兽件。正脊是平的。从六角、四角亭上来看，四角的异角梁亦几乎是翘平，宝顶大都为宝葫芦式样。江南的建筑风格与江北相比，则显得格外不一，江南的歇山建筑、四角的异角梁和凉亭往上翘起，前头安置鹤顶，从斜的上面至异角的前头形成圆弧，显得非常活跃，正脊安置二龙戏珠。从外部造型上看，充分显示了长江两岸不同的民族建筑之风格。

2. 长江两岸由于民族特色、地方风格的不同，在油漆彩画方面显得更为明显不一。江北由于气候干燥、风沙大，为防止木作构件的开裂，对地仗、油漆的处理非常重视。江南的气候条件独特湿润，所以江南一般来说对地杖的处理不大慎重，只做油漆而不注重彩画，而在雕刻方面，南方做工精细、优雅、古朴大方，这就充分体现出大江两岸的建筑艺术风格各有不同。

3. 国家政府对中国文化遗产保护极为重视，一些中国的古建筑至今保护依然完好。在全国各地，现仍可看到清代之前颇多而完整的古建筑群，例如：西安、洛阳、开封、北京、南京、承德、沈阳、太原、泰安、曲阜、杭州、苏州等地的古建筑。这充分证明了中国的文化遗产是中国历代劳动人民智慧创造的结晶，亦是古代劳动人民亲手创造的光辉业绩，给后人留下了珍贵而丰富的文化遗产，像一颗灿烂的明珠，依然在中华大地上闪烁。

大木作结构构件使用规格

对古建筑大木作结构构件的使用规格要求，按照宋《营造法式》、清工部《工程做法则例》之综合考虑，将材料使用及其规格要求，在宋、清做法则例的基础上，对各构件材料的使用作了相应的调整。为方便广大读者的阅读和易懂，对大木作结构构件使用材料规格要求所标注的数据，均以毫米（mm）为单位。

部分构件代号：长 l、宽 b、高 h、间距@、高（跨）宽比 $H:L$。

注：每个斗口拟定为100mm。一寸为33mm，一英寸25mm。梁、枋断面比例为：$1:1.1$、$1:1.2$、$1:1.5$、$1:2$。

一、大木作屋架，有梁、枋等构件组成的一个完整的结构体系。该屋架是承担整个屋面之重量（荷载）的主要结构构架之一。梁：有三、五、七架梁、挑尖梁、扒梁、月梁、抱头梁、抹角梁、托檩枋、垫板等构件组成，下面将各构件使用的材料规格、要求，说明如下：

1. 梁：梁、抱头梁的计算规则，梁的宽取决于柱径，以柱径为依据，如柱径为五斗口，即500，其宽、柱两边各加一寸，$500+66=566$，即梁宽为 $b=566$；其高，为梁的1.2倍，即 $566×1.2=679$，即梁高 $h=679$；梁断面尺寸即为 $566×679$，亦可定为 $550×680$。在梁构件的制作中，要灵活掌握，梁宽亦可同柱径，亦可小于柱径，其高随其相应计算规则变动。

2. 挑尖梁：挑尖梁用于柱头科上面，挑檐檩之下面，其规格、断面尺寸，见第四章图4-6-1挑尖梁做法大样图；其断面参照挑尖梁做法大样图中的4-4、5-5剖面图。

3. 三、五、七架梁断面计算依据：如方柱断面为 $300×300$，瓜柱、雷公柱直径亦为 $D=300$，相应的每边都各加一寸，即：$300+66=366$，

梁宽为 $B=366$；梁高 $366×1.2=439$，即梁高 $h=439$；梁断面为 $366×439$，亦可定为 $350×400$。不论梁的断面大小，按照这个计算规则，以此类推。

4. 月梁：月梁用于双檩下面之梁架，它代替三架，屋面没有脊，这种结构为圆脊，亦称元宝脊。月梁的宽依据四架梁，梁两边各收一寸或一小寸（英寸），梁高为梁宽的1.2倍，例如，梁宽240，即梁高 $h=240×1.2=280$，梁断面为 $240×280$。

5. 各类木柱：大木作结构所使用的木柱除凉亭，走廊上面使用的木柱为圆形外，基本上都是正方形柱。柱的规格大小，以梁宽来确定，如梁宽 $b=400$，梁的两边各减一寸，即 $400-66=334$，其圆柱径相应为 $d=334$，亦可由334定为300或350。

6. 垫板：垫板位于屋面檩的下面，下面直接压在托檩枋的上面，它是承上启下的结构构件，它和下面托檩枋、屋面檩形成一体共同承担屋面上的重量。垫板的厚为檩条直径的三分之一（1/3），其高同梁，如：檩条直径 $d=200$，即 $20/3=67$，板厚为67。

7. 托檩枋：托檩枋位于屋面檩、脊檩、垫板的下面，其用途与屋面檩、脊檩起到共同承担屋面之重量的作用，亦是一种为屋面檩、脊檩加强承担屋面重量的重要之辅助构件，托檩枋的断面宽为梁宽的三分之一（1/3），如梁宽 $b=400$，$400/3=133$，其枋宽为 $b=133$，亦可定为 $b=120$；枋高为枋宽的两倍，即 $120×2=240$，托檩枋 $h=240$，其断面：$120×240$。

8. 角背：角背有多种式样，它用于脊瓜柱或槽瓜柱的两边，它的作用是为脊、槽瓜柱起到加强牢固而稳定之作用。角背有多种形状，见本

图第一章图 1-1-11 角背大样图。角背的厚度为梁宽度的 1/2，如梁宽 b＝350.350/2＝175 或 180，角背厚为 180。

二、柱径的计算：对于柱径的计算，在前言里已大致作了介绍。计算柱径的大小是按照进深、面阔来确定。如进深、面阔（开间）为 5000（以当心间为准），其柱高应定为 5000。对于柱径的计算，有两种方式，一是宋代建筑之规定，二是清代建筑之规定。宋代建筑的柱径取柱高的十二分之一（1/12）定柱径；清代建筑的柱径取柱高的十分之一（1/10）定柱径。对于柱径的采用，二者只能选一，在同一个建筑物上，切不得将宋、清两代所规定的柱径，混合选用。

三、踩步金：踩步金亦称跨步梁。该梁用于歇山建筑，位于建筑物的两端，两端与柱衔接，该梁两端用榫头插入柱内，用于承托上面的梁架，其宽为金柱的 2/3，如柱径 d＝500，其宽为 500×（2/3）＝500×0.67＝330，其宽为 b＝330；梁高为梁宽的 1∶1.2，即高 h＝330×1.2＝396，其断面为 330×396，亦可定为 300×400。

四、由戗：由戗适用于庑殿式建筑。不论是单檐还是重檐结构，均须使用由戗。该构件适用范围，仅限用于庑殿建筑四角处，下接仔角梁，上与脊檩衔接。由戗的断面与仔角梁相同。

五、异角梁：异角梁是由老角、仔角梁组成一体的结构构件。异角梁适用于庑殿、歇山建筑，位于房屋（殿堂）上、下檐的四角处。老角梁在下，仔角梁在上，两根梁组合在一起，称之为异角梁。异角梁的搁置坡度，一般低于水平的 25 度左右或略有翘平（指江北）。而南派建筑的异角梁和北方的异角梁就有着明显的不同。南派的异角梁往上翘起，一般在 45 度左右，在施工做法时，形成 1/4 圆弧。

1. 老角梁的规格、断面尺寸：其宽大于檩（槫）径的 1.2 倍或与檩径相同，如檐檩径 d＝200，200×1.2＝240，其宽 b＝240。梁高为梁宽的 1.2 倍，梁高 h＝240×1.2＝288，其断面 240×288。

2. 仔角梁：仔角梁为正方形，同老角梁宽，为 240×240。

3. 异角梁：异角梁挑出的长度分三个步骤计算。

第一步，按照飞、檐椽水平出檐的长度，在转角处再加 30％。如飞、檐椽出檐长为 1200，即 1200×0.3＝360，将 360 和出檐长度的 1200 一并加起来，即 1200＋360＝1560。此外加之数，仅用于歇山、庑殿建筑四角转角处，见本结构图中平面结构布置。

第二步，按正方形斜角的 45 度斜长计算，亦可按方五斜七的方式计算。45 度的斜长理论数据为 1∶1.414，可简化为 1∶1.4；按方五斜七的这种方式（放大样）略有差距，此数是不大精确，这种计算方式，是古代匠师、艺人以师傅教徒弟的手法，由世代传承的传统作法，演习至今。

第三步，按照 1∶1.4 计算出的斜长，再加上计算出的坡长。通过这三步计算出的数字，再加异角梁前后头多出的扣碗、榫头部分，一并加起来的总和为异角梁的实际总长。

4. 异角梁的前、后头及转角处，按照正常的传统做法，或参照《中国古建筑修缮技术》（文化部文物保护科研所，中国建筑工业出版社，2014 年 3 月第十六次印刷）第 53 页，图 2-10；54 页，图 2-11；59 页，图 2-13。

六、草架子：草架子用于歇山建筑两山头，是以多根方木组成的护山架子，该架子下面压在踩脚木上面，上头顶在屋面檩、脊檩头下面。草架子有两大作用，一是用来固定护山板，二是承托两山探出的檩头，其规格：每根方木宽大于檩径的 1.3～1.4 倍，其厚小于枋宽的 1.5 倍。

七、额枋：额枋用于柱头以下，是柱与柱之间的结构构件。该额枋使用规格及其断面，依据柱径来确定，如廊柱径 d＝500，按廊柱径每边各减二寸，即其宽 b＝500－132＝368；额枋高为宽度的 1.2 倍，即其高 h＝368×1.2＝442，额枋断面为 368×442，亦可定为 350×450。

八、抹角梁：抹角梁用于庑殿、歇山建筑或其他建造形式屋架转角处。它的摆放位置是正方角的 45 度。以斜跨 45 度摆放搁置在两墙或檩、梁之上。它是承托上面的房架，其断面一般同上面三、五架梁，或大于三、五架梁，其长按斜跨实际长度。抹角梁的断面尺寸计算规则，梁宽按住径两边各减二寸，如柱径 $d=500$，即：$b=500-(33\times2\times2)=500-132=368$。梁高为梁宽的 1.2 倍，即梁高 $h=368\times1.2=440$，其断面 368×440，亦可定为 350×450。两端接点按传统做法。

九、扒梁：扒梁在大木作结构中适用范围较广，一般用于庑殿、歇山及其他建造形式的房屋两山部位等。扒梁一端压在檩上，另一端压在梁上，其断面：梁宽为柱径两边各减一寸五分，如柱径为 300，即其宽 $b=300-(33\times1.5\times2)=300-99=210$。梁高为梁宽的 1.2 倍，即：高 $h=210\times1.2=252$。扒梁的断面为 210×252，亦可定为 200×250。

十、抱头梁：抱头梁一般用于小式建筑。它位于金柱与檐柱之间，后头开榫插入金柱之内或压入墙内，前头压在檐柱顶部之上。梁宽按檐柱两边各外加一寸，如柱径 $d=300$，$300+66=366$，即梁宽为 366；梁高为梁宽的 1.2 倍，梁高 $h=439$，抱头梁断面为 360×439。或定为 360×400，不论梁的断面大小，依据柱径这个计算规则进行计算，或者梁宽同柱径。

十一、平板枋：平板枋适用于大、中型建筑承托斗栱之构件，它位一柱头与额枋的上面，并且还起到一种衬托装饰的作用。平板枋的宽度按柱两边各加 1.5 寸，亦可与柱径相同。如柱径 $d=450$，即其宽 $b=450+(45\times2)=450+90=540$。平板枋的厚度为板宽的 1/3，540/3=180，即板厚为 180，其断面为 540×180。

十二、穿插枋：穿插枋位于檐柱和金柱之间，挑尖梁、抱头梁的下面。穿插枋的作用是用于柱与柱之间连接的结构构件，亦称顺梁、连系梁。枋宽按柱径的两边各减一寸五分，如柱径 $d=300$，即枋宽 $b=300-(33\times1.5\times2)=300-99=210$。枋高为枋宽的 1.5 倍，即枋高 $h=210\times1.5=315$，其断面为 210×315，亦可定为 200×300。

十三、随梁枋：随梁枋是用于大型的殿堂建筑，这种构件基本用于室内。因柱子较为高大，用作室内柱与柱加强相互连接，使柱子不容摆动，故在柱的上半部分设置随梁枋，将室内的柱子形成一个完整的结构体系，并且起到室内装饰吊顶之作用。随梁枋的规格断面尺寸：其宽为室内柱直径的 1/2，如室内柱径，$d=500$，即其宽 $d=500/2=250$；梁高为梁宽的 1.5 倍，即其高 $h=250\times1.5=375$。随梁枋断面：250×375，亦可定为 250×350。

十四、随檩枋：随檩枋一般用于园林建筑——轩、廊、亭。因园林建筑属小型建筑，随檩枋，它位于屋面、檐檩的下面，因这种小型建筑的檩条下不需垫板，仅檩条的下面设托檩枋，加强檩条的承载力。

十五、扶脊木：扶脊木的形状为八棱型，其直径同脊檩直径。扶脊木位于脊檩的上面，用来控制屋面椽、扒砖及瓦件的排放等，而且它还能控制脊顶部分的宽度并便于脊顶的构件安装。

十六、飞、檐、椽与屋面椽的出挑长度及其规格：

1. 通俗的讲，进深面阔定柱高，柱高定出檐。从理论上讲，柱高一尺、出椽三寸。柱的高度是根据进深面阔来确定柱的高度，柱高的确定以面阔的最中间（当心间俗称为明间）为依据。例如：当心间面阔（开间）为 5000、4000、3300，其出檐长度各分为 1500、1200、900。一般来讲，飞、檐椽的使用规格为出檐长度的十分之一（1/10）。具体地来说，出檐长 1500，飞椽规格为 150×150，檐椽直径 $d=150$；120×120，檐椽直径 $d=120$；90×90，檐椽直径 $d=90$。屋面椽使用规格同飞、檐、椽断面规格大小。

2. 对于大型的殿堂、庙宇建筑，其进深、面阔超出了一般的建筑。如进深、面阔（开间）在 5000 以上甚至 8000 之余，其出檐之长度，可按照这个规律进行计算。比如说进深、面阔（开间）为 8000，其出檐应为 2400，这等过长的出檐，属于少数。例如，北京故宫的"太和殿"当心间（明间）施 8 朵斗栱，按照宋、清两代的规定，每朵斗栱的间距应为 1000～1100（10-11 斗口），计 9000～9900mm。为适应建筑物比例的协调和美观，在这种情况下，可适当地调整。比如说，进深、面阔（开间）8000，其出檐长度应为 2400。飞椽规格应为 240×240，檐椽直径 d＝240，由于构件较为肥大，飞、椽可适当调整为 200×200、180×180，檐椽可调整为 d＝200 或 180。从观感上，直到达到上、下、左、右协调一致为适宜。

3. 对于飞、檐椽的使用规格的另一种计算方法，依据檐檩（槫）来确定。飞、檐椽的规格大小，一般为檩径的 1/2 或大于檩半径的 1.1、1.2 倍。如大型殿堂，檩径大于一般建筑使用规格，飞、檐、椽亦相应随之增大，使用规格最大不得大于檩（槫）半径的 1.5 倍。如檩径为 d＝200、即：飞、椽，100×100、120×120、150×150，檐椽直径 d＝100、d＝120、d＝150。如檩（槫）径大于 200 时，亦可按照这个规律以此类推，而需要灵活掌握。

4. 飞、檐椽及屋面椽的排放，亦称排椽。一般要求，椽与椽之间的距离为一椽一挡、或一椽一挡半。亦就是说，檐椽直径为 d＝100、飞椽其断面尺寸为 100×100，其间距：一椽一挡计 200，空挡为 100；一椽一挡半计 250，空挡为 150，按照这个计算规则，以此类推。

5. 屋面椽的排放，一般要求，是根据扒砖的长来确定。在施工过程中，为便于对扒砖的排放，按其扒砖的长度再外加 10 作为施工缝。屋面椽其排放位置，在望板之上方，直至脊顶扶脊木的下面。

十七、博缝板、护山板。

1. 博缝板：博缝板位于房屋两山头的上部，用于悬山、歇山建筑。因各檩、垫板、托檩枋，探出两山墙外，故此，用博风板将檩、板、枋进行遮挡与保护，而且还起到装饰的作用。板厚一般为檩径的 1/4，如檩径 d＝200，200/4＝50，即博缝板厚为 50 或增加到 70。

2. 护山板：护山板位于歇山建筑屋山两头的上半部分，下面与踩脚木下面的斜屋面衔接，上面与脊檩衔接，踩脚木以上是没有墙体的空洞，用草架子作为墙体的骨架，将护山板牢牢地钉在草架子上面加以封闭。护山板的厚度，一般为檩径的 1/3，如檩径 d＝200，200/3＝66，即护山板厚为 66。

十八、雀替：雀替用于额枋至下面柱的两侧，雀替的长为每间房屋空间的 1/3，例如，当每间房屋开间为 3300，即 3300/3＝1100，将 1100 再分成两份，1100/2＝550 为雀替的每根实际长度；雀替的宽为长的 1/3，即 550/3＝183，亦可定为 200；雀替的厚度又为宽度的 1/3，183/3＝61，即雀替的实际厚为 61。对于雀替的大小，按照这种计算规则，以面阔、进深之长短（以每间房屋的开间尺寸）确定雀替的大小。雀替的做法、式样有多种，有浮雕、透雕等，尤其是中国南方（江南），对雕刻艺术非常讲究，做工优雅、精细、古朴大方，雀替亦是一种衬托美观的装饰品。

十九、大、小连檐、瓦口、闸挡板、望板、由额垫板、檩垫板、滴珠板、霸王拳、井口枋、天花枋、燕尾枋、枕头木、异形椽等小型构件的使用规格要求及其具体做法，均参照《中国古建筑修缮技术》相应说明。

二十、本结构构件使用要求，重点讲述仿古建筑大木作主体结构，对于地基与基础工程、石作、瓦作、油漆、彩画作、木门、窗等均未考虑。在施工制作时，请参照《中国古建筑修缮技术》各相应说明。

二十一、侧脚：古建筑使用多根木柱直接蹲在柱础或石鼓上面拔地而起，使用这种巧妙的侧角艺术，使整体房架抱成一团，而不易散开。侧角的比例为柱高的 1%，即柱高 1000，往里（内）倾斜 10（1 厘米）。

设 计 说 明

1. 本设计为"仿古建筑"结构。书中所标注数据，均以毫米（mm）为单位；标高以米（m）为单位。重点是以结构为主，以宋《营造法式》、清工部《工程做法则例》为依据。在具体设计中，对宋、清两代的材料、规格及其断面使用要求，作了相应的调整与修改。同时，出于对结构构件及造型之美观的考虑，故将其作了艺术处理和修饰。

2. 该图集第一章、第二章均为全大木作结构。第三章为混合结构，在柱头以下，均采用钢筋混凝土结构，柱头以上均为大木作结构。图集中仅作了平面、立面、侧面、剖面、屋面结构布置、房架大样图，柱础、柱、梁、板、枋等及部分节点示意图。为方便广大读者对房架结构的计算及其他部分构件的识读，故在本图集的第三章后，附设了5张附图。在施工用料等方面及做法上，仅作了部分说明。

3. 本图集设计造型为中国北方黄河两岸的民族风格，在设计的构思方面，以多种不同类型、不同层次、不同式样建筑造型进行设计，重点是以结构为主。对地基与基础工程、瓦作、油漆、彩画作等工程，均未考虑。在施工做法及其用料等方面，参照《中国古建筑修缮技术》中的各相应具体做法及规定。该图仅在石作方面，台阶、踏步，柱础、石鼓等作了不同大小尺寸的大样示意图及石材质量方面的技术要求和做法。对于木门窗的造型及制作，在各图中也作了相应的说明。

4. 第五章、第六章为木作斗栱图集。该斗栱图于1986年的上半年就已绘制完毕整理成册，而搁置至今。

5. 大木作各构件的材料使用要求：各柱、梁、枋、檩条、扶脊木、角背、飞檐椽、屋面椽、脑椽、异角梁、由戗、草架子、门、窗框等均采用落叶松、毛白杨为宜；雀替、挂落、门装板、垫板、斗栱、博缝板、护山板等使用红松、椵木、毛白杨为宜。

6. 楼梯、阳台扶手，使用硬质木，如水曲、啄木等为宜。对于油漆、成品保护，参照《中国古建筑修缮技术》相关说明。

7. 对于混凝土结构中的大、小混凝土柱、梁枋，在油漆方面，要认真做好地仗处理，以两布五灰贴，包、裹缠为宜。为防止油漆离析、脱落、露骨等现象发生，而造成不良现象，切勿直接在混凝土构件上抹灰、刷漆。

8. 为保证油漆、彩画之效果，要求在混凝土构件的（柱头以下部分）垫板、额枋等里、外、底面覆一层15mm厚刨光木板，用膨胀螺栓紧牢，然后按照《中国古建筑修缮技术》油漆做法的具体要求进行施工。

9. 斗栱结构构件繁多、复杂。故将斗栱中的大小各构件，进行详细分解，并以毫米为单位进行标注。

10. 斗栱的制作，要严格准确无误地按照本图中的每一大小构件进行精细的制作，尤其是卯、榫极其重要，且不得任意改制或钢钉组装。

11. 本图第三章湖心亭、水榭、亭、廊等，设计上以0.8、0.6为一个斗口，即80毫米、60毫米。

12. 对于大屋顶房架的结构计算，在大木作结构设计的后面专门附设了大屋顶房架结构——宋、清两代之计算规则示意图，详见附图4。

13. 雀替、霸王拳及部分节点大样，详见附图5。异角梁、飞、檐椽、瓦口、大小连檐之具体做法，参照《中国古建筑修缮技术》第二章木作部分中的第三节大木构架第51页图2～图9，第53页图2～图10，第54页图2～图11。

14. 在本设计图集中出现的"榑"和"檩"字，是同一个构件的不同名称。还有"桁"字之名称，与檩、槫亦都是同样的结构构件，只不过槫、檩、桁这三个字的名称叫法不同而已。

15. 第三章的湖心亭、平桥、水榭长廊、扇面亭、凉棚的正负零以下均为钢筋混凝土结构。本设计图中，正负零至湖底的具体深度尺寸，故以"x"字样标注作为未知数。具体建造该项目施工时，以水面至水底的实际深度尺寸数字为准。水底下挖基础深度，按勘察、设计要求。

16. 前两部分柱侧脚，是按照宋、清两代法则要求的1%进行计算，而混凝土柱不需侧脚计算。

17. 第一章部分图1-1-1，仅作了平面布置，对于四周围台、大殿前面的月台大小、月台四周的栏板、踏步、台基标高均未考虑。

18. 各章中的正、侧面大样图与各图中的剖面图及各项的具体说明略有差异。例如第一章中的大厅，柱头以上设计直接是月梁，前头是菊花头，柱与柱之间的空间用麻叶斗栱衬托。该大厅的正、侧面图设计为五踩斗栱。从对于建筑的造型和美观出发，要灵活掌握，但平面、结构尺寸不可变。

19. 第三章，为园林建筑——楼、台、亭、阁、廊、轩、水榭等。图中设计重点是以结构为主。平面、大样图仅作了示意。在建造时可根据场地大小来确定其建筑物的大小及其间、节数，比如说房屋的建造、园林工程——水榭、长廊、湖中的平桥、长廊等，按古建筑的模式、规则，三、五、七、九、十一不等。

第一章　殿堂　大厅

一　殿　堂

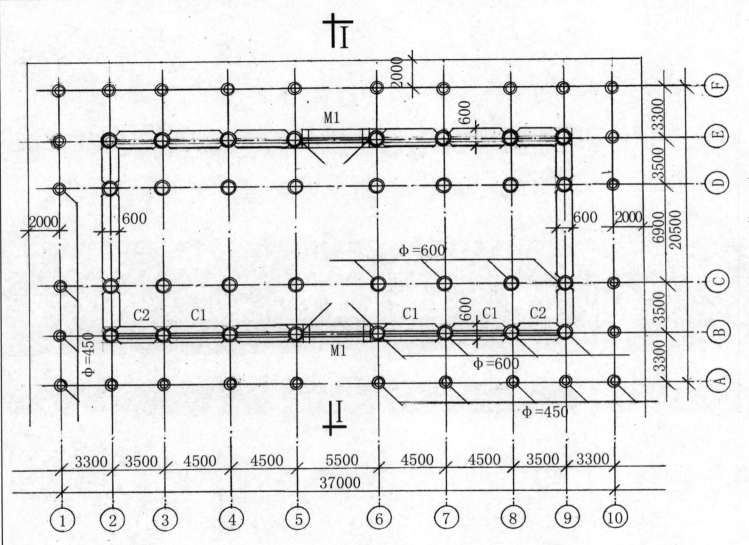

注:
1. 本设计为大型殿堂平面图，该殿堂适用于庑殿、歇山建筑。

2. 平面图所示标注的柱径是按宋营造法则的规定，取柱高的1/12（十二分之一）确定柱径的大小，里面的金柱柱径应为$\phi 850$，本平面图标注为600，由于考虑到大殿宽大，综合考虑与外廊柱两者之间综合平衡故定柱径为$\phi 600$。

3. 对于面阔的尺寸（开间尺寸）是以传统的理念进行考虑，中间（明间亦称当心间）为最大，两端次间、梢间、尽间的尺寸各自皆不相同。

4. 本图按照传统的要求进行设计，该平面图也可五间、九间不等。

殿堂平面示意图 1:200

图 1-1-1

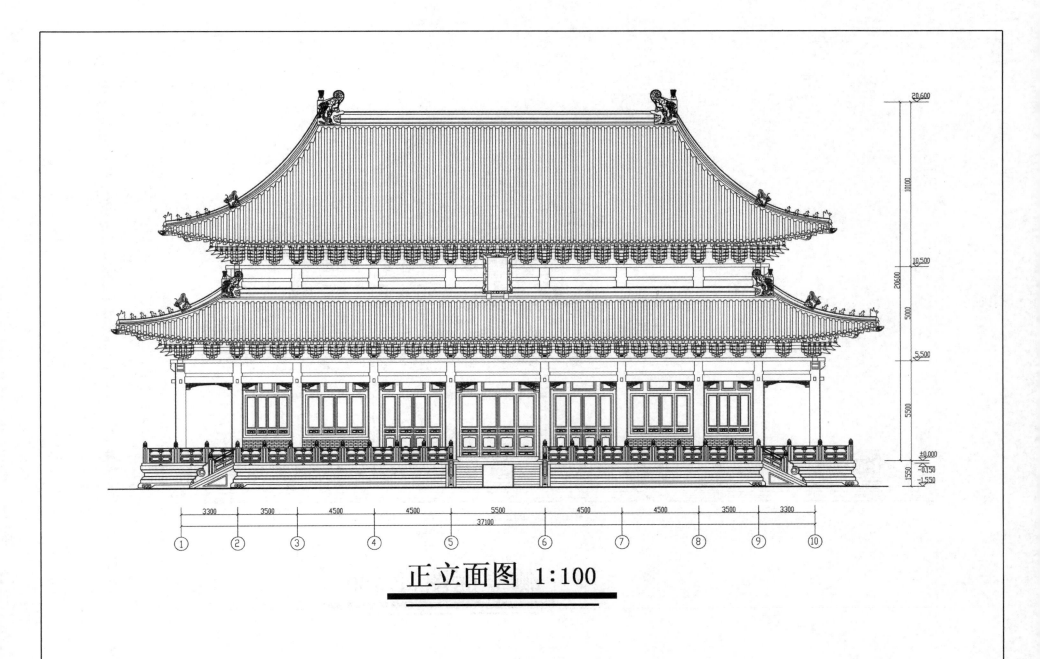

正立面图　1:100

图 1-1-2

17

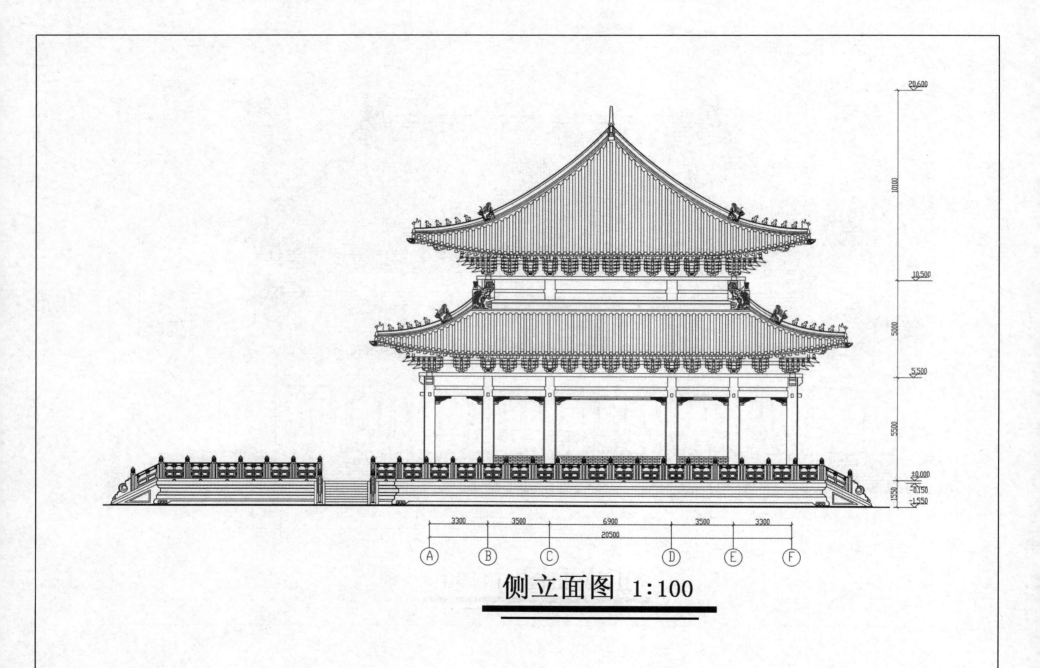

20.600

10.500

5.000

5.500

±0.000
−0.150
−1.550

3300　　3500　　　　6900　　　　3500　　3300
20500

Ⓐ　　Ⓑ　　Ⓒ　　　　　Ⓓ　　Ⓔ　　Ⓕ

侧立面图 1:100

图 1-1-3

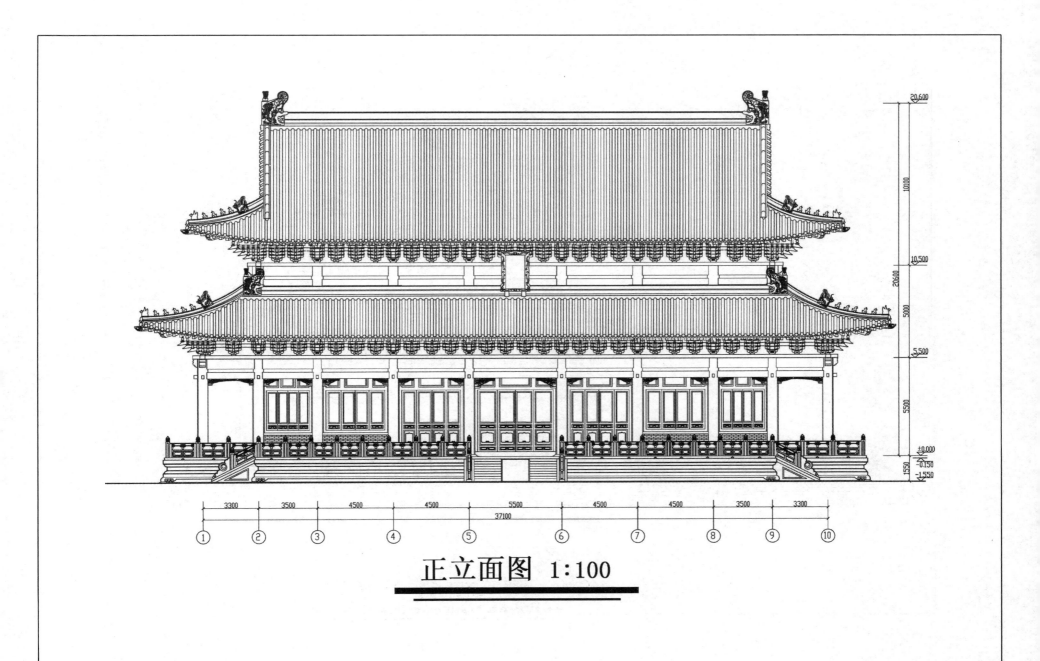

正立面图 1:100

图 1-1-4

19

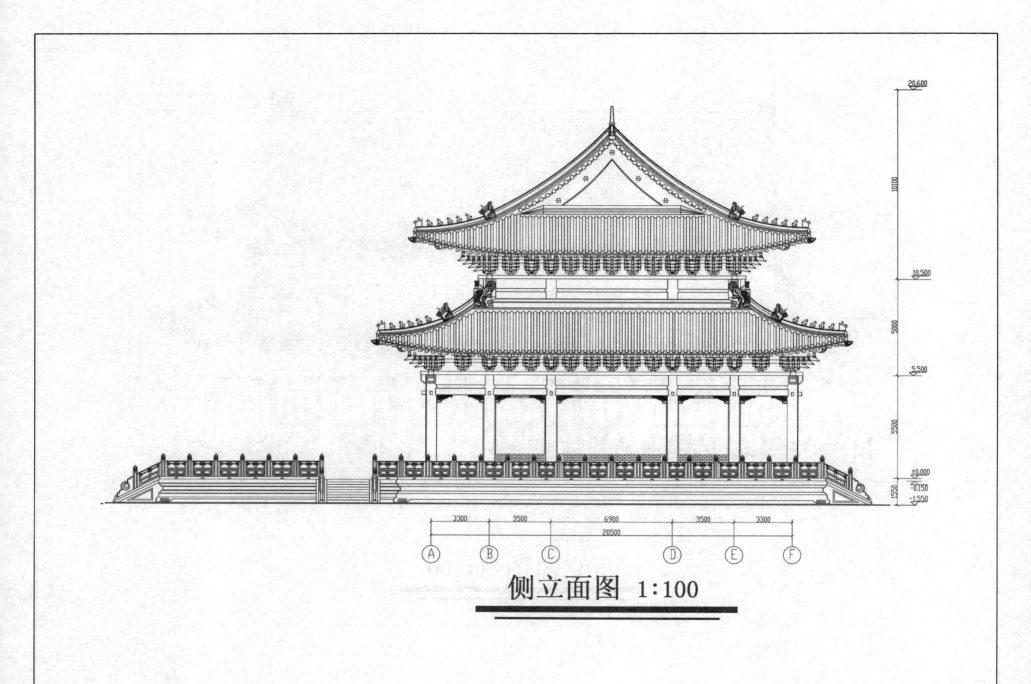

侧立面图 1:100

图 1-1-5

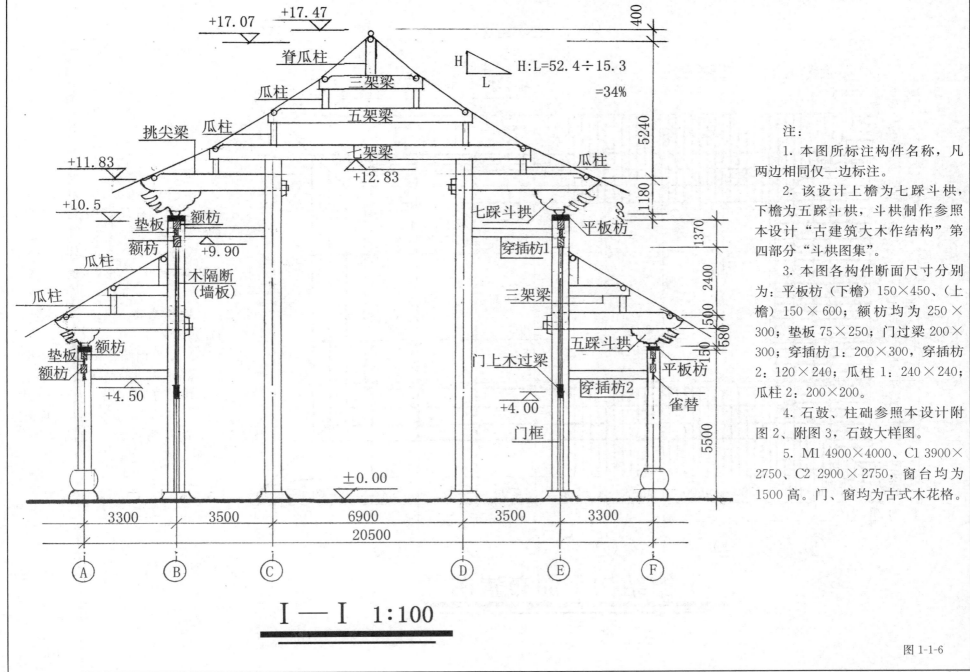

注:

1. 本图所标注构件名称,凡两边相同仅一边标注。

2. 该设计上檐为七踩斗拱,下檐为五踩斗拱,斗拱制作参照本设计"古建筑大木作结构"第四部分"斗拱图集"。

3. 本图各构件断面尺寸分别为:平板枋(下檐)150×450、(上檐)150×600;额枋均为250×300;垫板75×250;门过梁200×300;穿插枋1:200×300,穿插枋2:120×240;瓜柱1:240×240;瓜柱2:200×200。

4. 石鼓、柱础参照本设计附图2、附图3,石鼓大样图。

5. M1 4900×4000、C1 3900×2750、C2 2900×2750,窗台均为1500高。门、窗均为古式木花格。

Ⅰ—Ⅰ 1:100

图 1-1-6

21

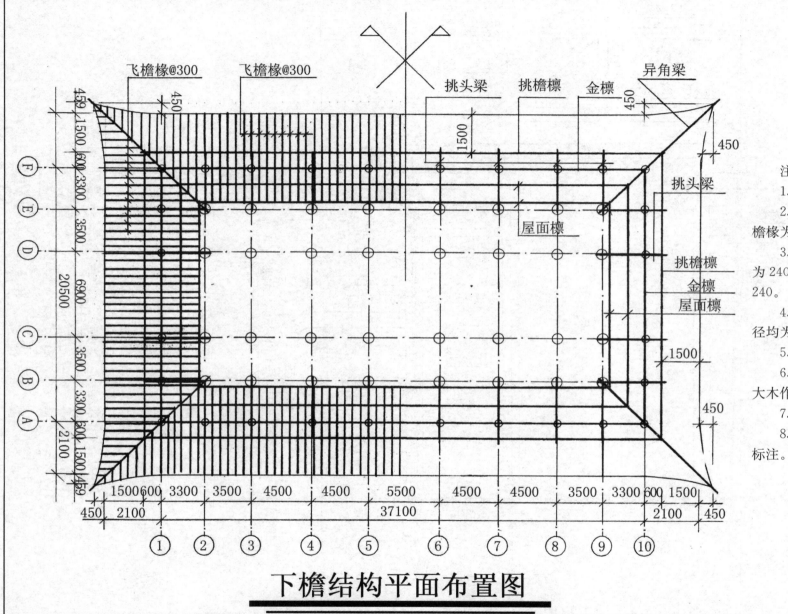

注：
1. 飞檐椽的出挑长度为1500。
2. 飞椽断面尺寸：120×120，檐椽为φ120。
3. 异角梁：老角梁断面尺寸为240×300，仔角梁断面为240×240。
4. 挑檐檩、金檩、屋面檩直径均为φ200。
5. 下檐铺设望板，厚25～30。
6. 挑尖梁的制作参照本设计大木作结构大样图中的图4-6-1。
7. 四角飞、檐椽用九根规正。
8. 凡两边数字相同仅一边标注。

飞檐椽@300　飞檐椽@300　挑头梁　挑檐檩　金檩　异角梁

挑头梁
屋面檩
挑檐檩
金檩
屋面檩

下檐结构平面布置图

图1-1-7

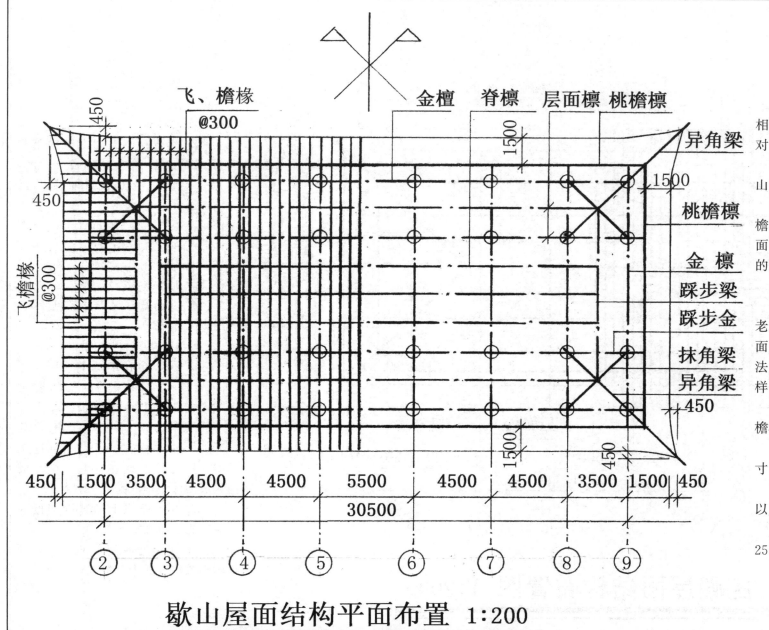

飞、檐椽 @300

飞檐椽 @300

金檀　脊檩　层面檩 桃檐檩

异角梁

桃檐檩

金　檩

踩步梁

踩步金

抹角梁

异角梁

450　1500　3500　4500　4500　5500　4500　4500　3500　1500　450

30500

1500　1500　450

② ③ ④ ⑤ ⑥ ⑦ ⑧ ⑨

歇山屋面结构平面布置 1:200

注：

1. 图中所标注尺寸，凡两边相同者仅一边标注，故在图中设对称符号。

2. 该设计屋面结构布置为歇山建筑。

3. 飞椽断面尺寸为 120×120、檐椽断面尺寸为 φ120、屋面椽断面尺寸为 120×120，其间距扒砖的长度外加 10 毫米为施工缝。

4. 抹角梁断面尺寸为 200×300。

5. 本图标准的异角梁分别为老角梁断面 240×300；仔角梁断面为 240×240。异角梁的具体做法参照本图大木作结构附图 1 大样图。

6. 脊檩、金檩、屋面檩、挑檐檩，直径均为 φ200。

7. 屋面梁、踩步梁的断面尺寸，详见 1-1-6 房架大样图。

8. 四角处所采用的飞、檐椽以九根规正。

9. 檐口铺设的望板厚度为 25～30。

图 1-1-8

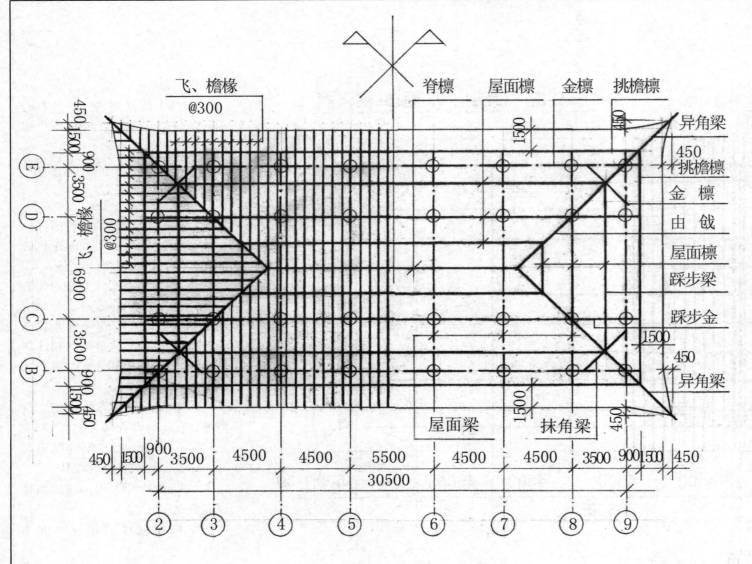

庑殿屋面结构布置图 1:200

注:

1. 图中标注尺寸数字及名称，两边相同者，仅作一边标注，故在本图设对称符号。

2. 本设计的图面上结构布置为庑殿建筑，在古代的官方上讲，为一等建筑，在前面前言里已论述。

3. 该屋面结构布置中，各构件的断面尺寸分别为：飞椽 120×120，檐椽 φ120，脊檩、屋面檩、金檩、挑檐檩直径均为 φ200。

4. 屋面梁、踩步梁详见 1-1-6 房架大样图。

5. 抹角梁断面尺寸为 200×300。

6. 踩步金在本图中的顶面标高为 12.03，该梁的前头为挑尖梁，金柱以里为踩步金。踩步金下面设穿插枋（包括四个角），其断面尺寸为 200×300（亦称连系梁）柱与柱连接在一起，相互搭接成一体，顶标高为 10.20 米。

7. 飞、檐椽上面铺设望板的厚度为 25～30。

8. 四角处所使用的飞、檐椽的根数以九或十一根规正。

图 1-1-9

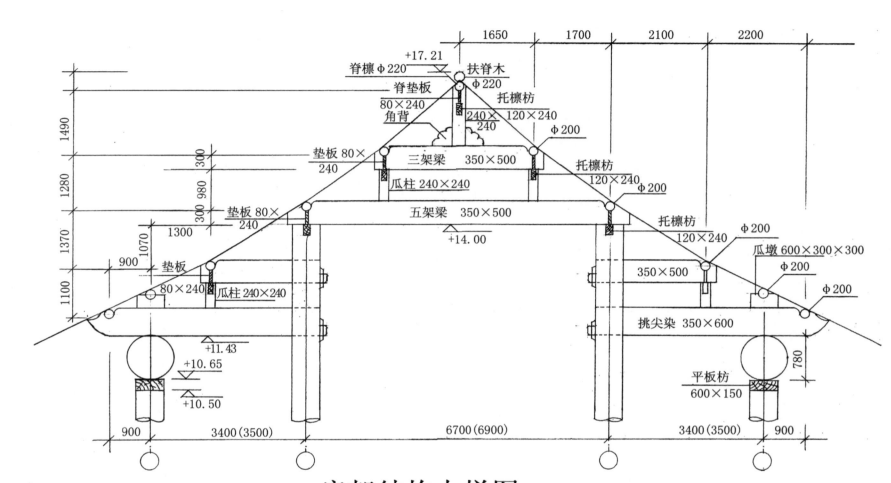

房架结构大样图 1:50

注：1. 本图所标注构件名称及尺寸，凡两边相同仅作一边标注。

2. 角背的具体尺寸见图 1-1-7。

3. 本设计由 3500 变为 3400、由 6900 变为 6700 的按侧角的 1% 而计算出的数字。

图 1-1-10

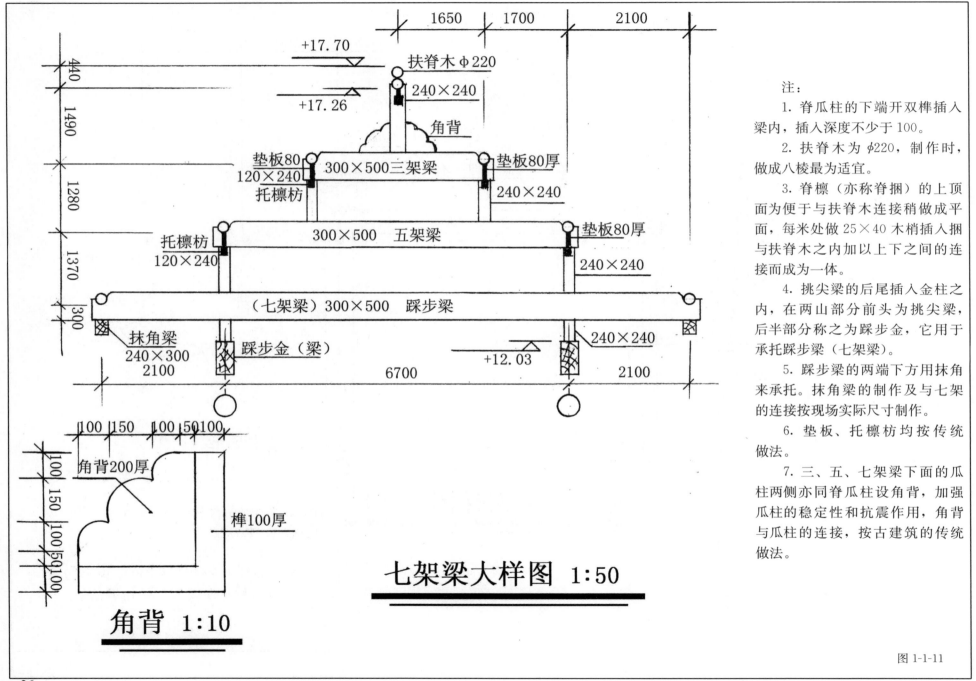

1650　1700　2100

+17.70

扶脊木 φ220

240×240

+17.26

角背

440

1490

垫板80
120×240
托檩枋

300×500 三架梁

垫板80厚

240×240

1280

托檩枋
120×240

300×500　五架梁

垫板80厚

240×240

1370

300

（七架梁）300×500　踩步梁

240×240

+12.03

抹角梁
240×300
2100

踩步金（梁）

6700

2100

100 150 100 50 100

角背200厚

100
150
100 50 100

榫100厚

角背 1:10

七架梁大样图 1:50

注：

1. 脊瓜柱的下端开双榫插入梁内，插入深度不少于100。

2. 扶脊木为 φ220，制作时，做成八棱最为适宜。

3. 脊檩（亦称脊捆）的上顶面为便于与扶脊木连接稍做成平面，每米处做 25×40 木梢插入捆与扶脊木之内加以上下之间的连接而成为一体。

4. 挑尖梁的后尾插入金柱之内，在两山部分前头为挑尖梁，后半部分称之为踩步金，它用于承托踩步梁（七架梁）。

5. 踩步梁的两端下方用抹角来承托。抹角梁的制作及与七架的连接按现场实际尺寸制作。

6. 垫板、托檩枋均按传统做法。

7. 三、五、七架梁下面的瓜柱两侧亦同脊瓜柱设角背，加强瓜柱的稳定性和抗震作用，角背与瓜柱的连接，按古建筑的传统做法。

图 1-1-11

26

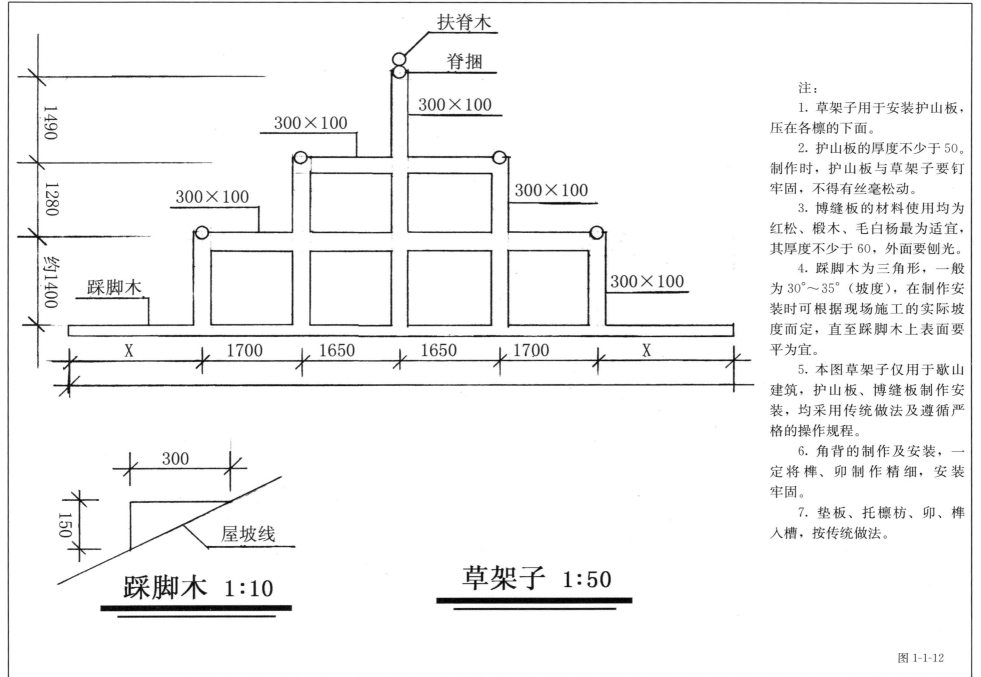

扶脊木

脊捆

300×100

300×100

300×100

300×100

300×100

300×100

1490

1280

约1400

踩脚木

X   1700   1650   1650   1700   X

300

150

屋坡线

踩脚木 1:10

草架子 1:50

注：

1. 草架子用于安装护山板，压在各檩的下面。

2. 护山板的厚度不少于50。制作时，护山板与草架子要钉牢固，不得有丝毫松动。

3. 博缝板的材料使用均为红松、椴木、毛白杨最为适宜，其厚度不少于60，外面要刨光。

4. 踩脚木为三角形，一般为30°～35°（坡度），在制作安装时可根据现场施工的实际坡度而定，直至踩脚木上表面要平为宜。

5. 本图草架子仅用于歇山建筑，护山板、博缝板制作安装，均采用传统做法及遵循严格的操作规程。

6. 角背的制作及安装，一定将榫、卯制作精细，安装牢固。

7. 垫板、托檩枋、卯、榫入槽，按传统做法。

图 1-1-12

二 大厅（一）

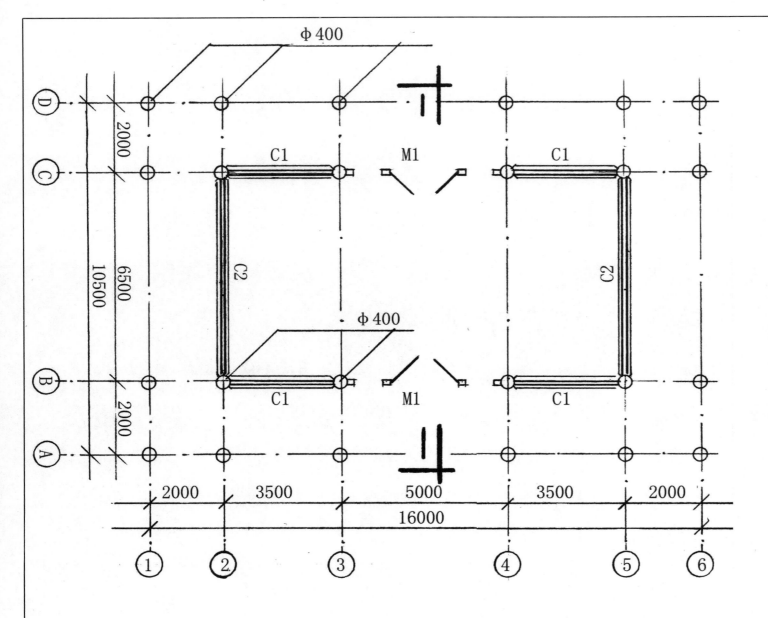

大厅平面图一 1:100

图 1-2-1

注:

1. 本设计进深 10500，面阔 16000，设计造型为大屋顶歇山建筑。

2. 该大厅设计方案一，为四面围廊，四面均为木花格门窗，两山亦可设为 370 厚青砖墙。

3. 该大厅一般适用于公园之内主体建筑，用于书画展览、茶社、休闲、娱乐等厅房。

4. 窗台以下砌砌体，与柱连接处为削角抱柱，白灰浆砌垒，砖缝厚度以 5 为适宜（按传统做法）。墙面干净、无污染、缝口清晰、墙面的垂直、平整均不得超过 5 毫米。

5. 该设计的进深面阔，根据实际要求亦可由本设计增至五间、七间不等。

6. 本图设计柱径大小采用宋营造则例之规定的 1/12（十二分之一），即柱径 φ400。

7. M1、C1、C2 参照相关古式木花格制作。

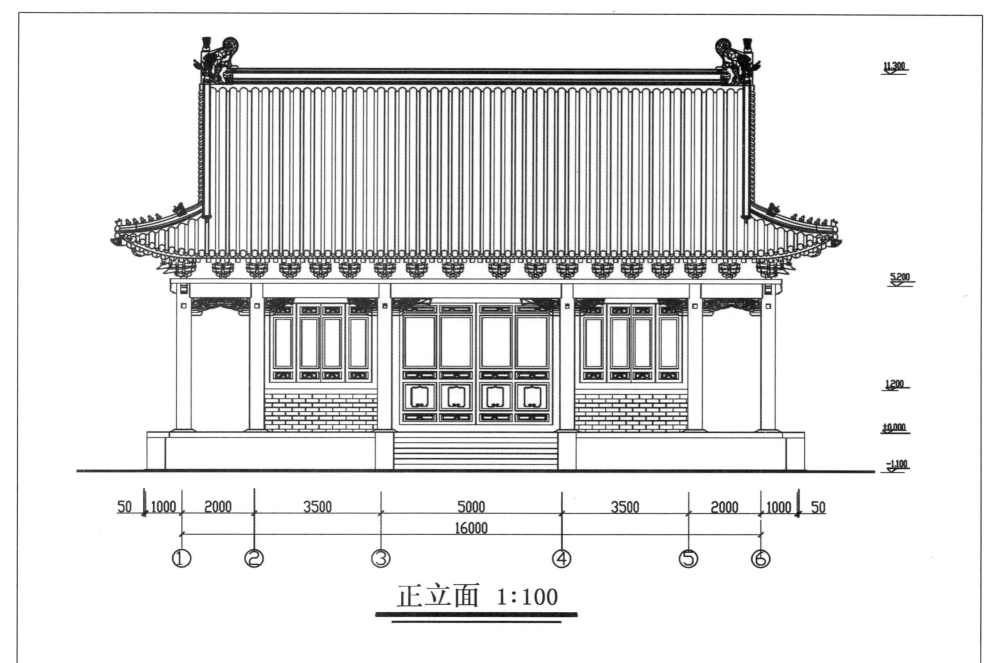

11.300

5.200

1.200

±0.000

-1.100

| 50 | 1000 | 2000 | 3500 | 5000 | 3500 | 2000 | 1000 | 50 |

16000

① ② ③ ④ ⑤ ⑥

正立面 1:100

图 1-2-2

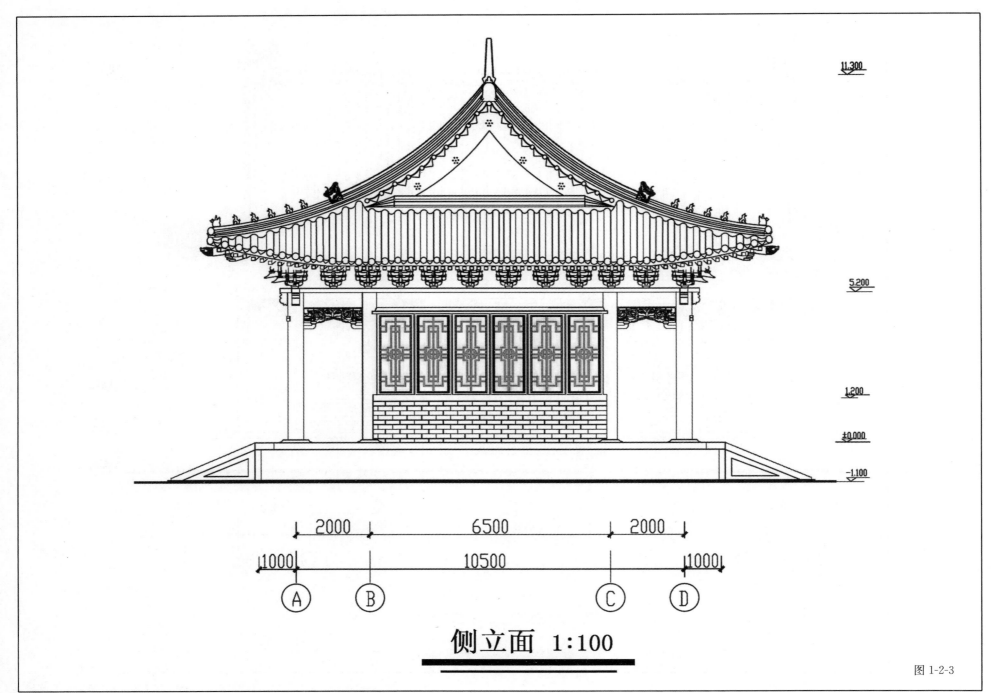

11.300

5.200

1.200

±0.000

-1.100

2000   6500   2000

|1000| 10500 |1000|

Ⓐ   Ⓑ   Ⓒ   Ⓓ

侧立面 1:100

图 1-2-3

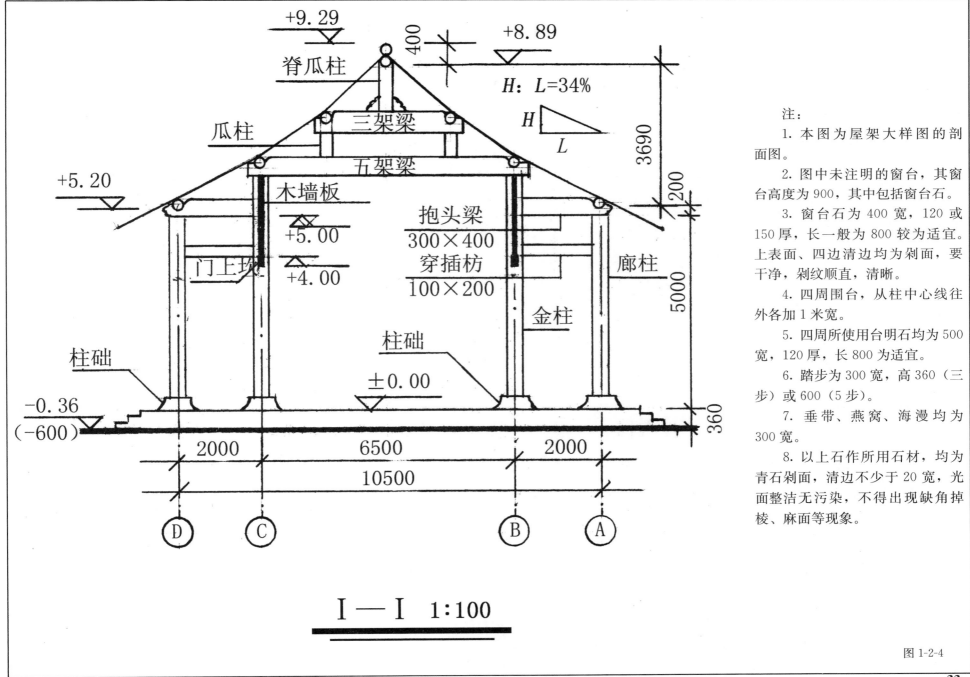

注:

1. 本图为屋架大样图的剖面图。

2. 图中未注明的窗台,其窗台高度为900,其中包括窗台石。

3. 窗台石为400宽,120或150厚,长一般为800较为适宜。上表面、四边清边均为剁面,要干净,剁纹顺直,清晰。

4. 四周围台,从柱中心线往外各加1米宽。

5. 四周所使用台明石均为500宽,120厚,长800为适宜。

6. 踏步为300宽,高360(三步)或600(5步)。

7. 垂带、燕窝、海漫均为300宽。

8. 以上石作所用石材,均为青石剁面,清边不少于20宽,光面整洁无污染,不得出现缺角掉棱、麻面等现象。

Ⅰ—Ⅰ 1:100

图 1-2-4

33

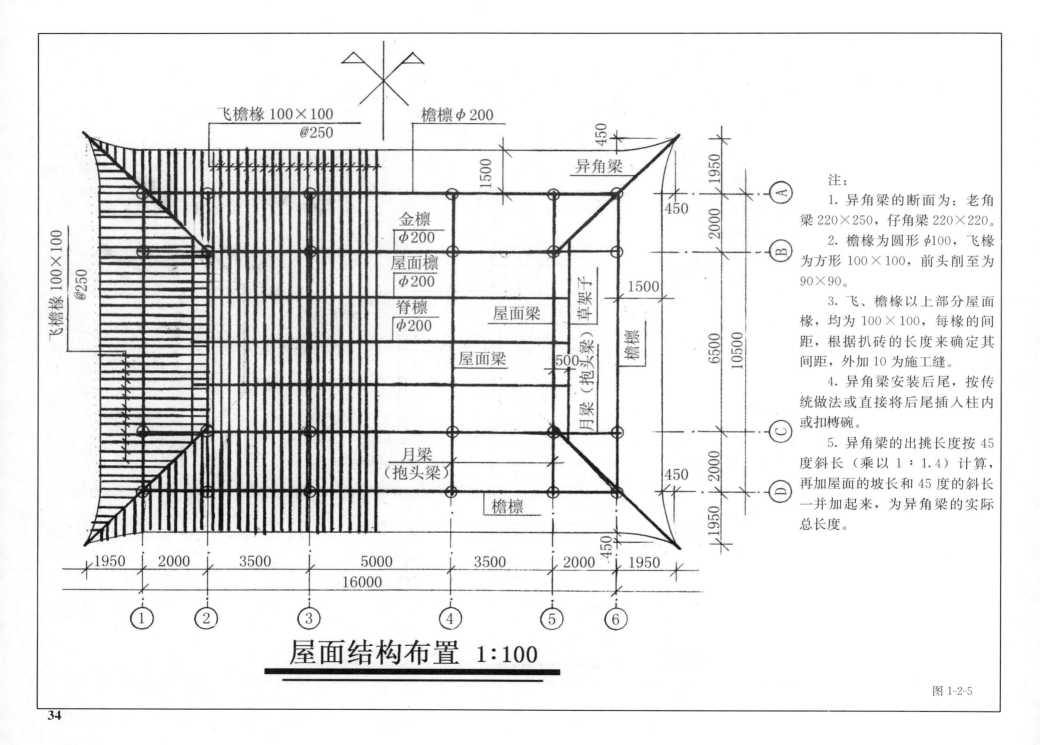

飞檐椽 100×100 @250

檐檩 φ200

金檩 φ200

屋面檩 φ200

脊檩 φ200

飞檐椽 100×100 @250

异角梁

屋面梁

草架子

屋面梁

月梁（抱头梁）

檐檩

月梁（抱头梁）

月梁（抱头梁）

檐檩

注：

1. 异角梁的断面为：老角梁 220×250，仔角梁 220×220。

2. 檐椽为圆形 φ100，飞椽为方形 100×100，前头削至为 90×90。

3. 飞、檐椽以上部分屋面椽，均为 100×100，每椽的间距，根据扒砖的长度来确定其间距，外加 10 为施工缝。

4. 异角梁安装后尾，按传统做法或直接将后尾插入柱内或扣槫碗。

5. 异角梁的出挑长度按 45 度斜长（乘以 1∶1.4）计算，再加屋面的坡长和 45 度的斜长一并加起来，为异角梁的实际总长度。

1950 2000 3500 5000 3500 2000 1950

16000

450 1950 2000 6500 10500 2000 1950 450

① ② ③ ④ ⑤ ⑥

Ⓐ Ⓑ Ⓒ Ⓓ

1500 450 1500 500 450 450

屋面结构布置 1:100

图 1-2-5

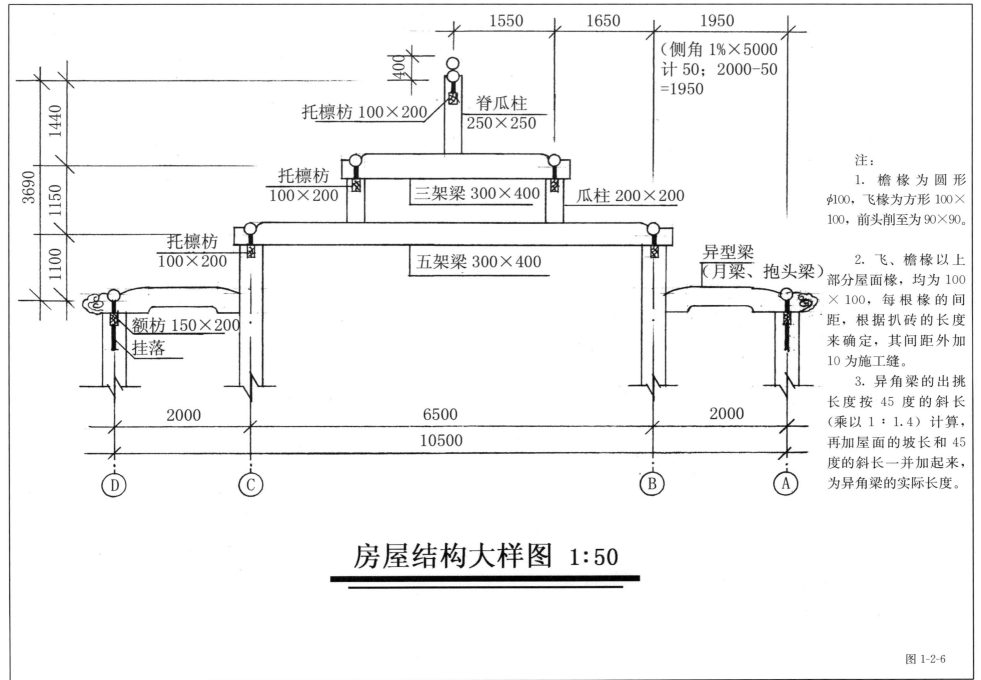

1550　1650　1950

（侧角 1%×5000
计 50；2000-50
=1950

托檩枋 100×200　脊瓜柱
250×250

托檩枋
100×200

三架梁 300×400

瓜柱 200×200

托檩枋
100×200

五架梁 300×400

异型梁
（月梁、抱头梁）

额枋 150×200

挂落

400

1440

1150

1100

3690

2000　6500　2000

10500

Ⓓ　Ⓒ　Ⓑ　Ⓐ

注：
1. 檐椽为圆形
φ100，飞椽为方形 100×
100，前头削至为 90×90。

2. 飞、檐椽以上
部分屋面椽，均为 100
×100，每根椽的间
距，根据扒砖的长度
来确定，其间距外加
10 为施工缝。

3. 异角梁的出挑
长度按 45 度的斜长
（乘以 1：1.4）计算，
再加屋面的坡长和 45
度的斜长一并加起来，
为异角梁的实际长度。

房屋结构大样图 1:50

图 1-2-6

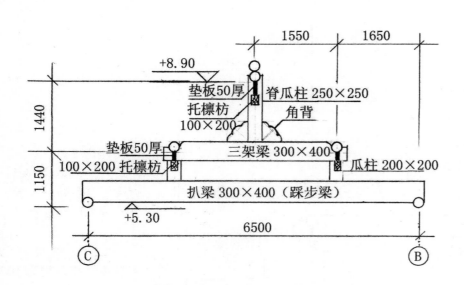

注：
1. 四角在异角梁下设月梁，顶标高同四周柱顶上面的月梁，亦称斜角梁。

2. 月梁大样图的前头为菊花头，在制作时按照图中所注尺寸进行精细的制作。

3. 扒梁的两端与异角衔接时，如出现误差，在施工制作的过程中，根据实际情况，作适当的调整。

4. 该图中的异型梁（月梁）后尾插入金柱内，其做法按传统工艺。

该梁前头、出柱部分有两种做法，一种是通常方头，出柱1个槫径（以捆径中心线算起）；第二种做法是本图设计的菊花头大样图。

5. 按正常的柱头做法，上头各收一小寸，计30。比如说，柱下头为$\phi400$，上头为$\phi340$或$\phi350$，俗称为拔稍，亦称收分。

6. 菊花头的外出长度均以柱径的外皮为准，外出350。

扒梁结构大样图 1:50

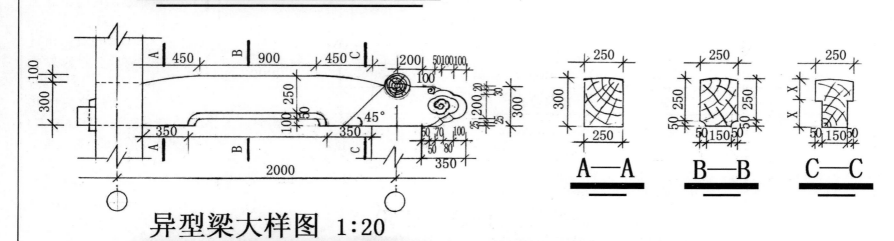

异型梁大样图 1:20

图 1-2-7

三　大厅（二）

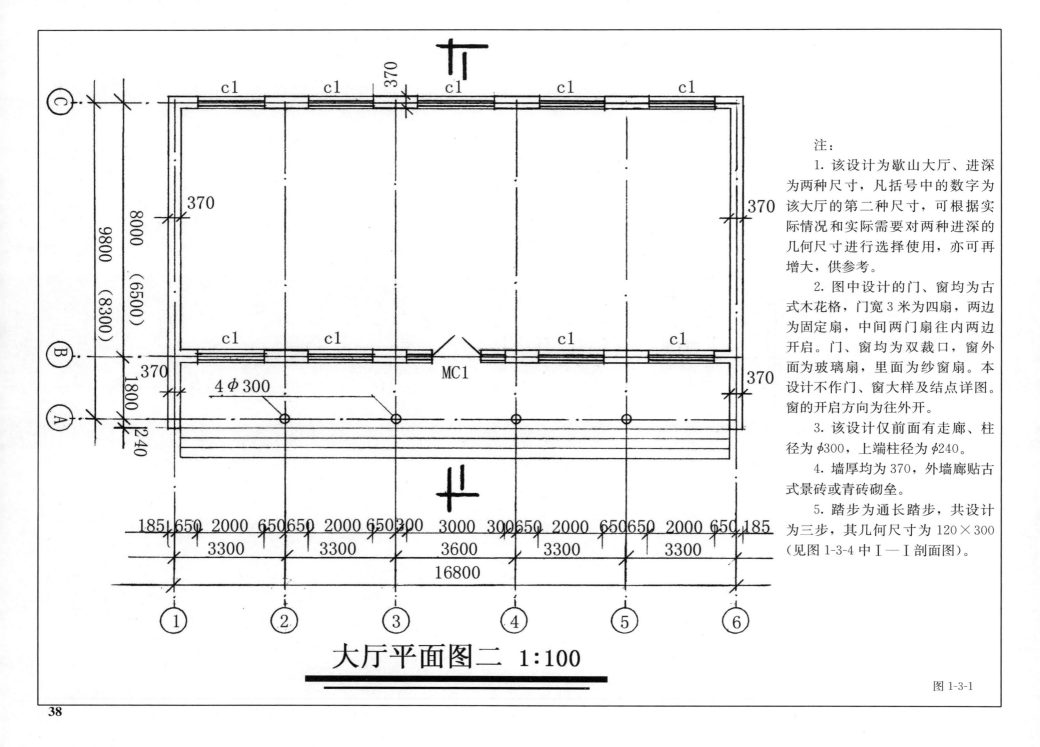

注：

1. 该设计为歇山大厅、进深为两种尺寸，凡括号中的数字为该大厅的第二种尺寸，可根据实际情况和实际需要对两种进深的几何尺寸进行选择使用，亦可再增大，供参考。

2. 图中设计的门、窗均为古式木花格，门宽 3 米为四扇，两边为固定扇，中间两门扇往内两边开启。门、窗均为双裁口，窗外面为玻璃扇，里面为纱窗扇。本设计不作门、窗大样及结点详图。窗的开启方向为往外开。

3. 该设计仅前面有走廊、柱径为 φ300，上端柱径为 φ240。

4. 墙厚均为 370，外墙廊贴古式景砖或青砖砌垒。

5. 踏步为通长踏步，共设计为三步，其几何尺寸为 120×300（见图 1-3-4 中Ⅰ—Ⅰ剖面图）。

大厅平面图二 1:100

图 1-3-1

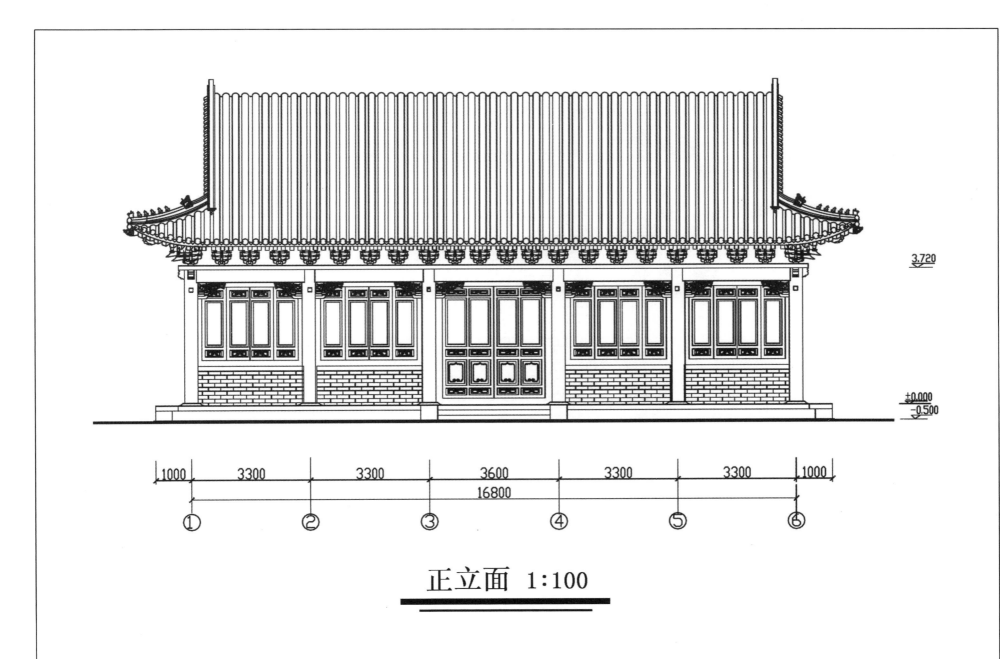

3.720

±0.000
−0.500

| 1000 | 3300 | 3300 | 3600 | 3300 | 3300 | 1000 |

16800

① ② ③ ④ ⑤ ⑥

正立面 1:100

图 1-3-2

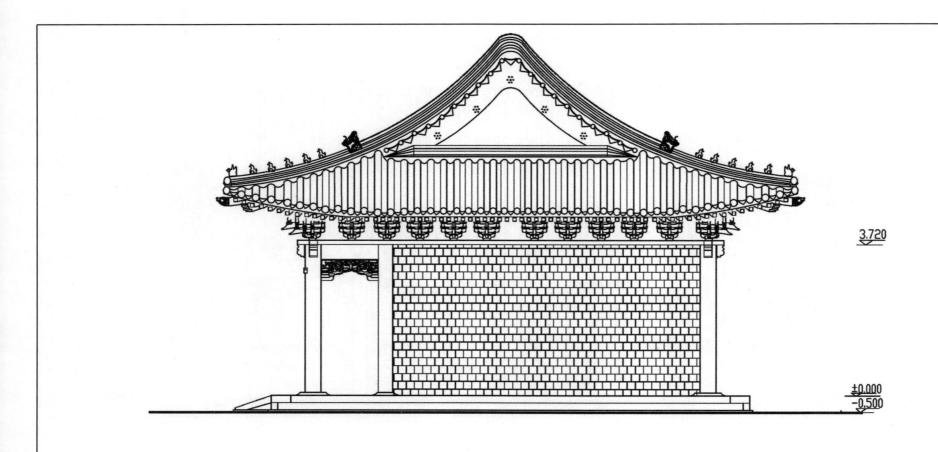

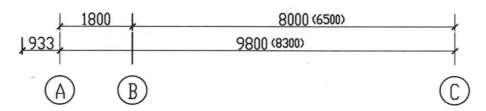

側立面图 1:100

图 1-3-3

40

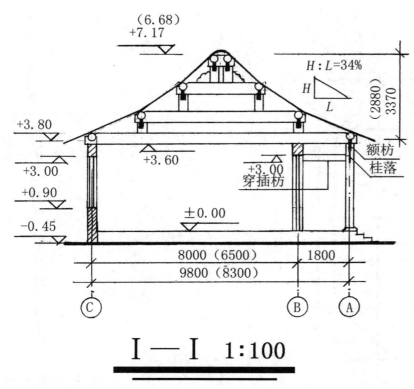

I—I 1:100

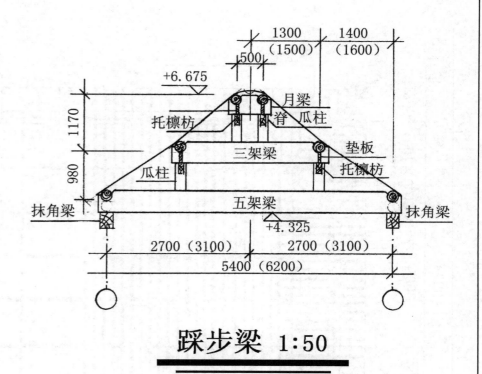

踩步梁 1:50

注:

1. 本图踩步梁,仅用于进深(宽)8300跨;凡括弧之数,用于进深9800跨。

2. 屋面结构图中所标注的抹角梁,仅用于8300跨度前后均使用抹角梁;9800跨仅后头(1/C)轴使用,前头直接压在Ⓑ轴墙身之上。

3. 抹角梁的断面尺寸应为240×300,如该断面尺寸有误,在施工制作过程中可进行调整。

4. 穿插枋200×120。

图1-3-4

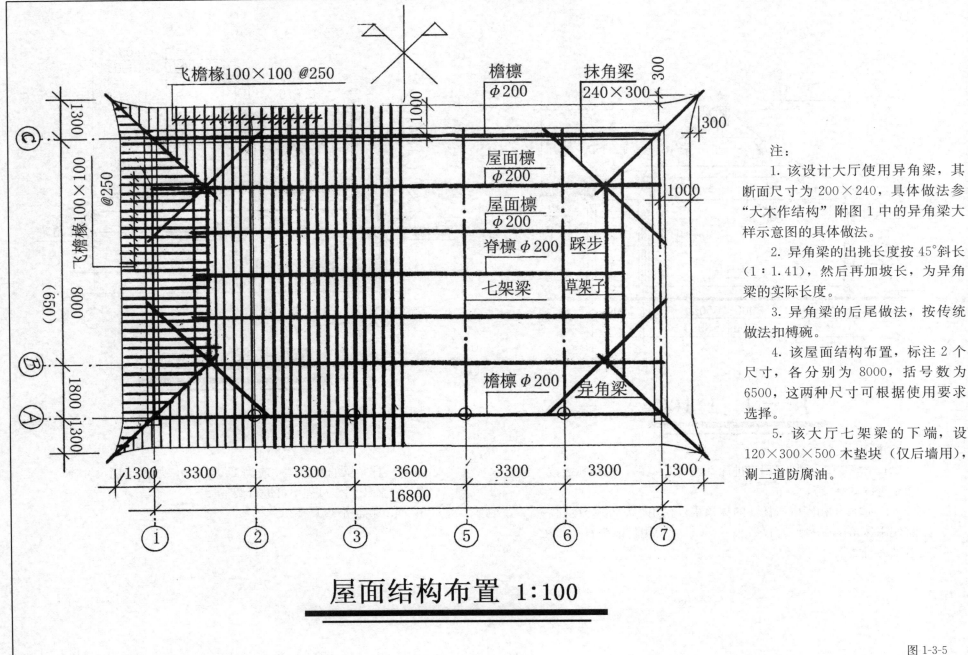

注:

1. 该设计大厅使用异角梁,其断面尺寸为 200×240,具体做法参"大木作结构"附图1中的异角梁大样示意图的具体做法。

2. 异角梁的出挑长度按 45°斜长(1:1.41),然后再加坡长,为异角梁的实际长度。

3. 异角梁的后尾做法,按传统做法扣榑碗。

4. 该屋面结构布置,标注 2 个尺寸,各分别为 8000,括号数为 6500,这两种尺寸可根据使用要求选择。

5. 该大厅七架梁的下端,设 120×300×500 木垫块(仅后墙用),涮二道防腐油。

屋面结构布置 1:100

飞檐椽100×100 @250

檐檩 φ200

抹角梁 240×300

屋面檩 φ200

屋面檩 φ200

脊檩 φ200　踩步

七架梁　草架子

檐檩 φ200

异角梁

图 1-3-5

42

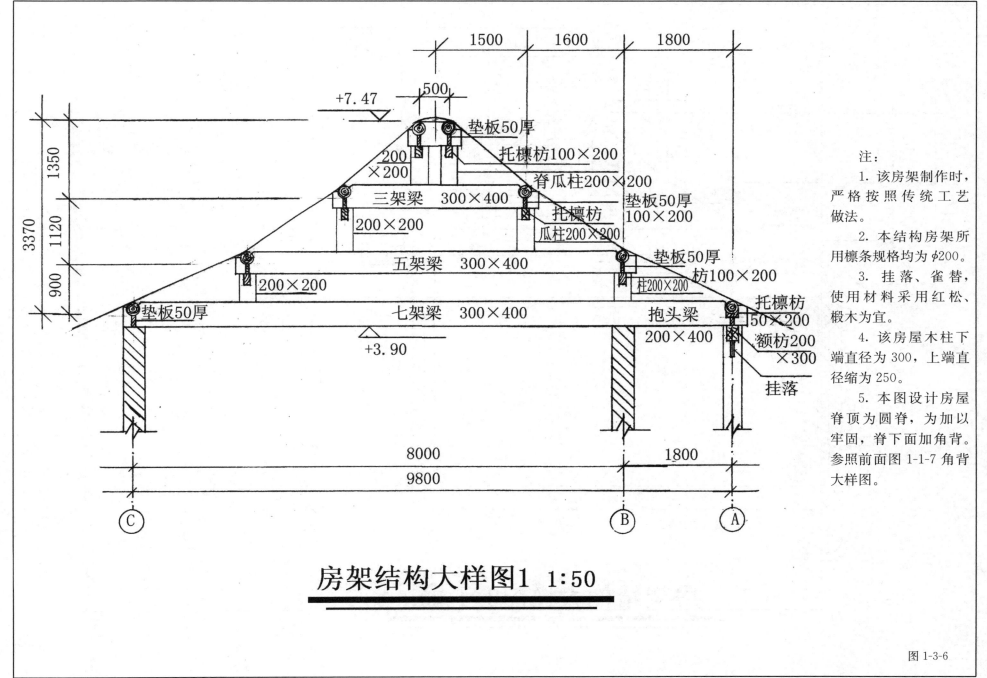

房架结构大样图1 1:50

注：

1. 该房架制作时，严格按照传统工艺做法。

2. 本结构房架所用檩条规格均为φ200。

3. 挂落、雀替，使用材料采用红松、椴木为宜。

4. 该房屋木柱下端直径为300，上端直径缩为250。

5. 本图设计房屋脊顶为圆脊，为加以牢固，脊下面加角背。参照前面图1-1-7角背大样图。

图1-3-6

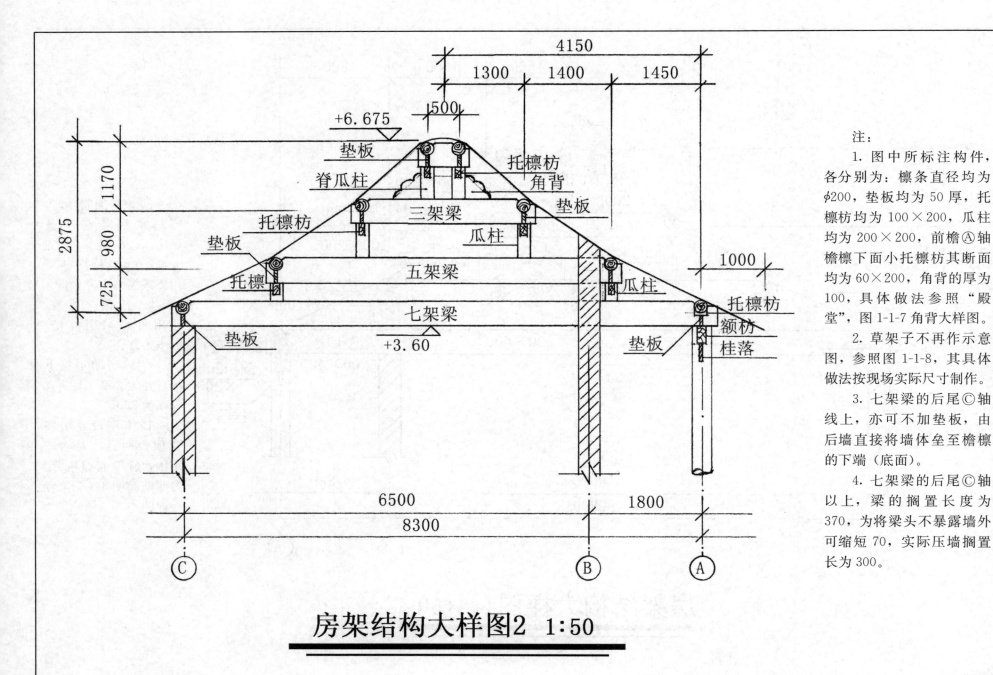

房架结构大样图2 1:50

注:
1. 图中所标注构件,各分别为:檩条直径均为φ200,垫板均为50厚,托檩枋均为100×200,瓜柱均为200×200,前檐Ⓐ轴檐檩下面小托檩枋其断面均为60×200,角背的厚为100,具体做法参照"殿堂",图1-1-7角背大样图。

2. 草架子不再作示意图,参照图1-1-8,其具体做法按现场实际尺寸制作。

3. 七架梁的后尾Ⓒ轴线上,亦可不加垫板,由后墙直接将墙体垒至檐檩的下端(底面)。

4. 七架梁的后尾Ⓒ轴以上,梁的搁置长度为370,为将梁头不暴露墙外可缩短70,实际压墙搁置长为300。

图 1-3-7

四　大厅（三）

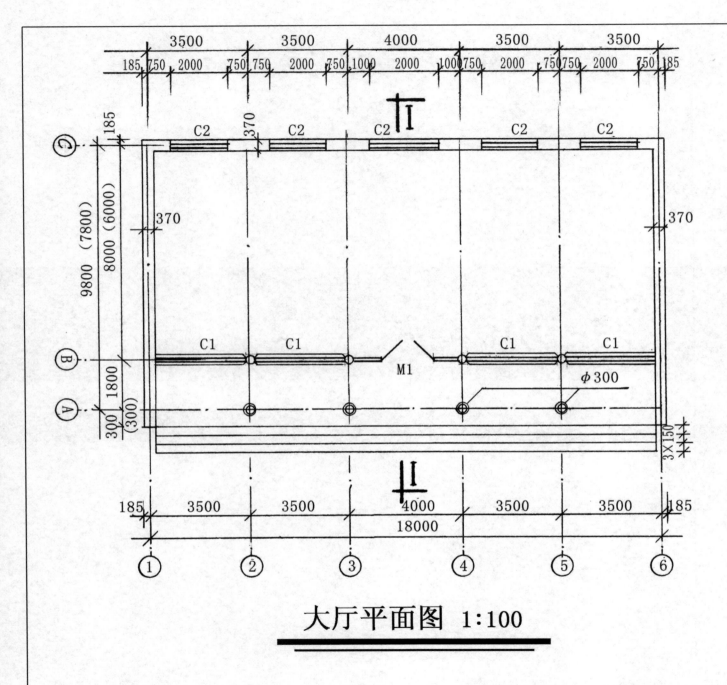

注：

1. 该设计平面图为大式硬山做法（大盘头）。

2. 本设计共五间，明间（当心间开间）为4000，其他四间均为3500，总长18000，宽为9800，三面为墙，前设走廊，Ⓐ、Ⓑ轴柱径均为 φ300，上端为240。

3. 凡括号之数用于悬山结构为圆脊。

4. 门窗均为古式木花格，门、窗均为双裁口，外口安装纱窗。木门、窗的制作参照相关传统做法，本图集不再另行设计。

5. 墙体采用50#水泥砂浆砌筑，外贴古式墙砖，或直接用青砖白灰砌垒（按传统工艺做法）。

大厅平面图 1:100

图 1-4-1

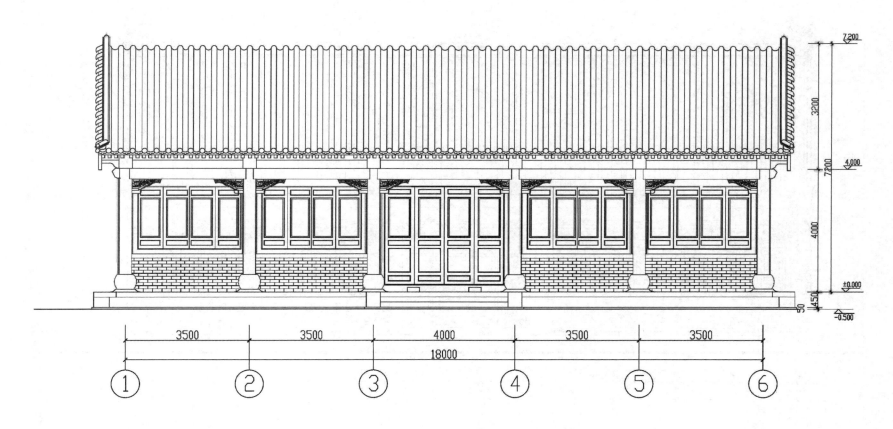

3500　　　3500　　　4000　　　3500　　　3500

18000

① ② ③ ④ ⑤ ⑥

7200

3200

4000

7200

4000

±0.000

450

50

-0.500

正立面图 1:100

图 1-4-2（A）

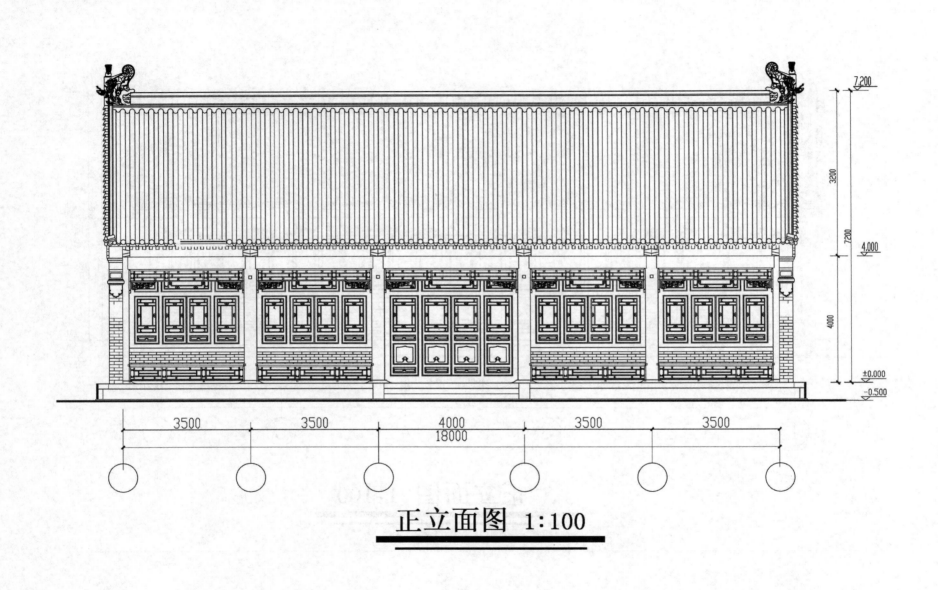

正立面图 1:100

3500　3500　4000　3500　3500
18000

图 1-4-2 (B)

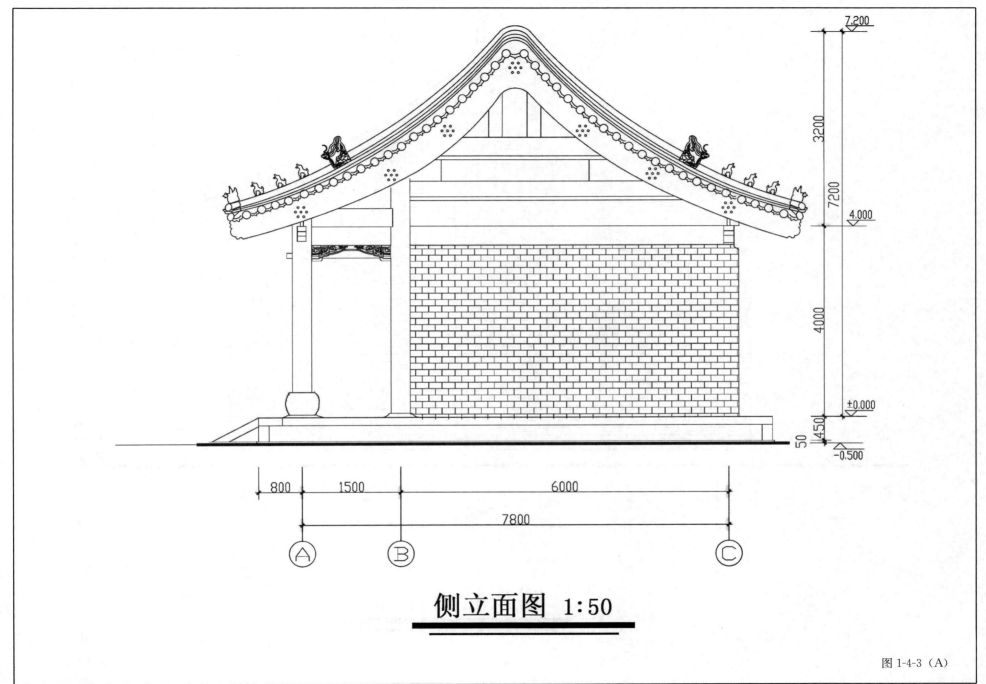

侧立面图 1:50

图 1-4-3（A）

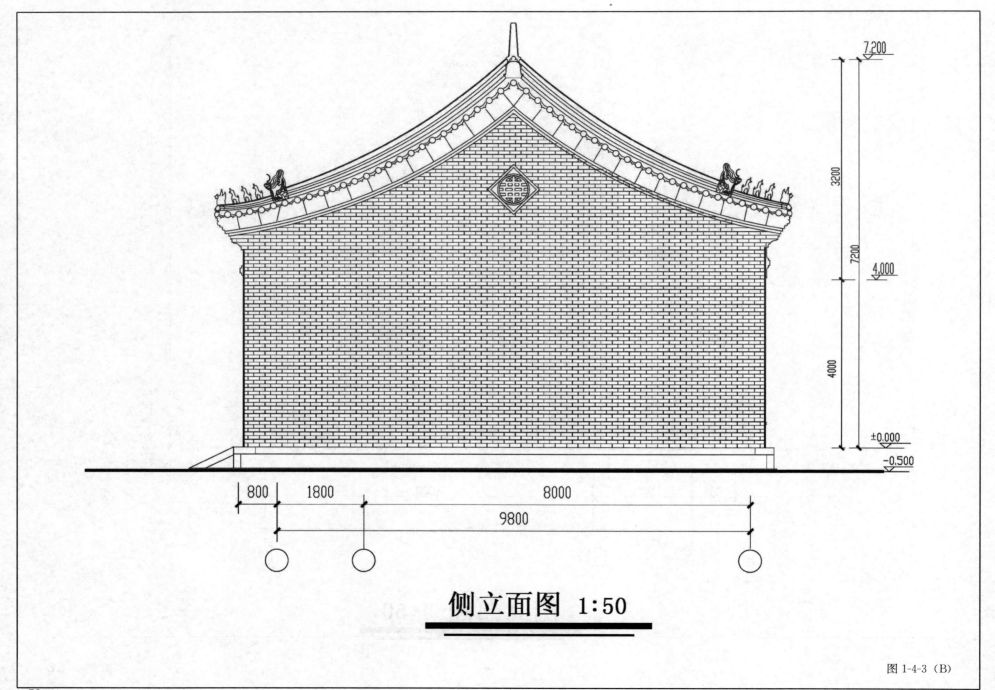

侧立面图 1:50

图 1-4-3（B）

50

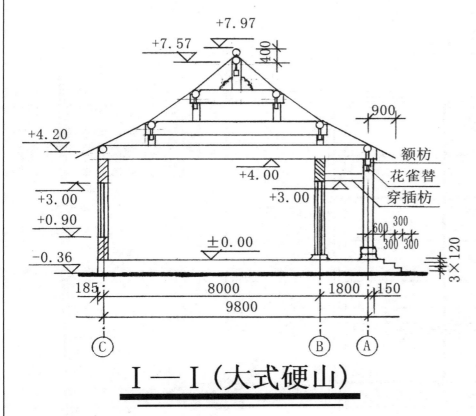

I—I（大式硬山）

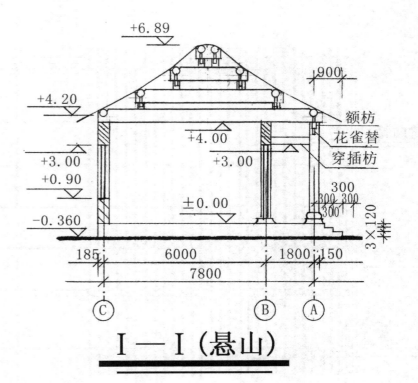

I—I（悬山）

注：

1. 该图设计前廊柱下设石鼓。

2. 房架所使用各檩直径均为φ200。

3. 该设计大厅有两种尺寸，分别为8000、6000宽。建造形式分为两种，一为大式硬山，二为悬山结构。

4. 台明石均为青石埫面（清边）。

5. 踏步为300×120，通常为青石埫面。

6. 门、窗口上方，采用钢筋混凝土过梁，支座搁置长度不少于200，梁下（+4.00）为通圈梁200×370，过梁为200×370。

7. 额枋为240×200，垫板50厚，穿插枋为120×200。

图 1-4-4

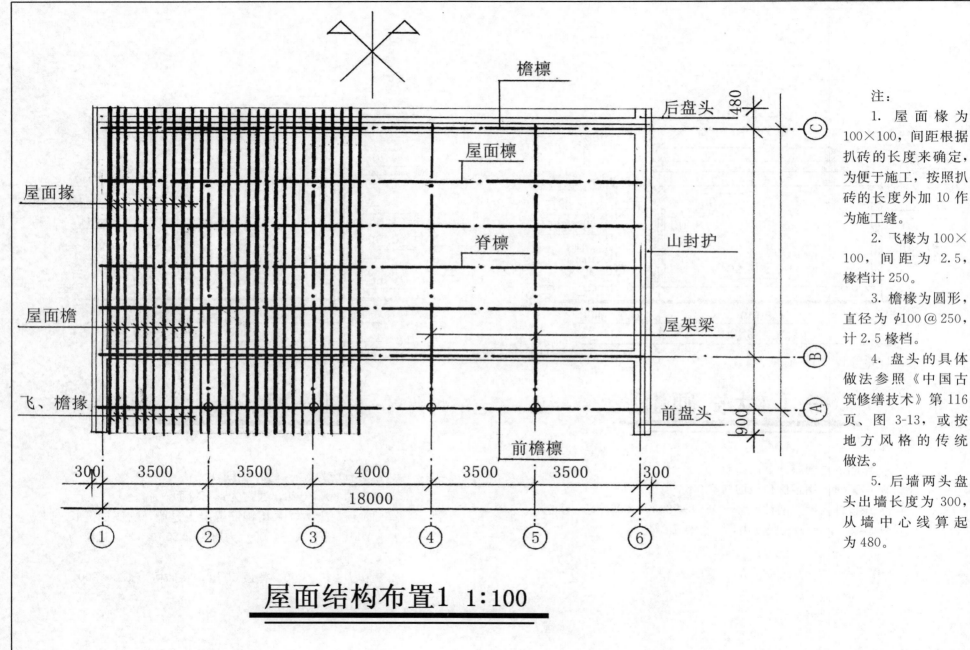

注:
1. 屋面椽为100×100，间距根据扒砖的长度来确定，为便于施工，按照扒砖的长度外加10作为施工缝。

2. 飞椽为100×100，间距为2.5，椽档计250。

3. 檐椽为圆形，直径为φ100@250，计2.5椽档。

4. 盘头的具体做法参照《中国古筑修缮技术》第116页、图3-13，或按地方风格的传统做法。

5. 后墙两头盘头出墙长度为300，从墙中心线算起为480。

檐檩
后盘头
480
C
屋面檩
山封护
脊檩
屋架梁
B
屋面椽
A
前盘头
900
屋面檐
飞、檐椽
前檐檩

300　3500　3500　4000　3500　3500　300

18000

① ② ③ ④ ⑤ ⑥

屋面结构布置1 1:100

图1-4-5

52

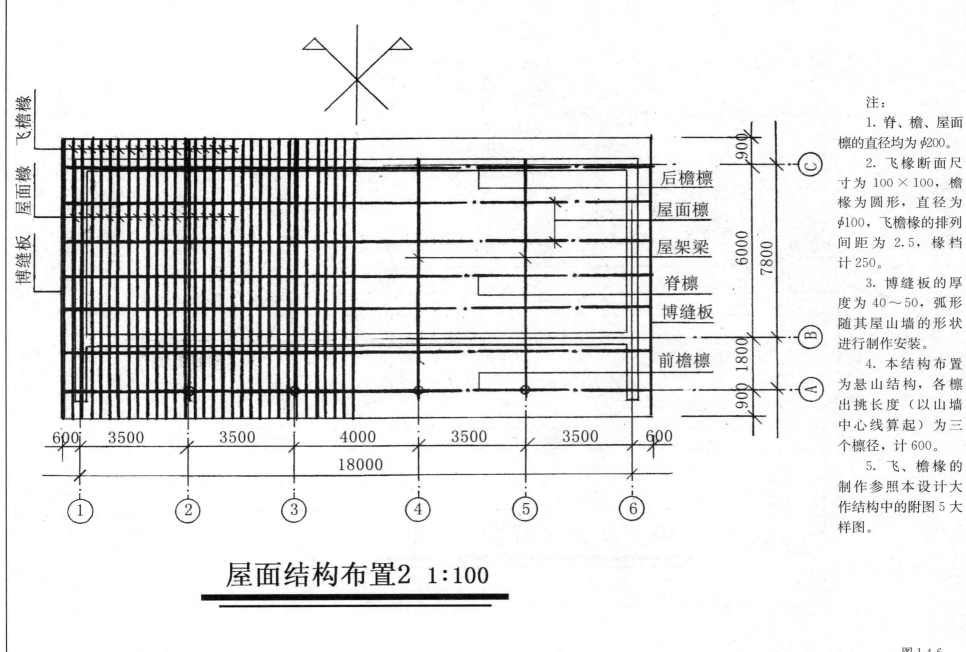

飞檐橼
屋面橼
博缝板

后檐檩
屋面檩
屋架梁
脊檩
博缝板
前檐檩

600 3500 3500 4000 3500 3500 600
18000

① ② ③ ④ ⑤ ⑥

900 6000 7800 1800 900

Ⓒ Ⓑ Ⓐ

屋面结构布置2 1:100

注：

1. 脊、檐、屋面檩的直径均为 φ200。

2. 飞橼断面尺寸为 100×100，檐橼为圆形，直径为 φ100，飞檐橼的排列间距为 2.5，橼档计 250。

3. 博缝板的厚度为 40～50，弧形随其屋山墙的形状进行制作安装。

4. 本结构布置为悬山结构，各檩出挑长度（以山墙中心线算起）为三个檩径，计 600。

5. 飞、檐橼的制作参照本设计大作结构中的附图5大样图。

图 1-4-6

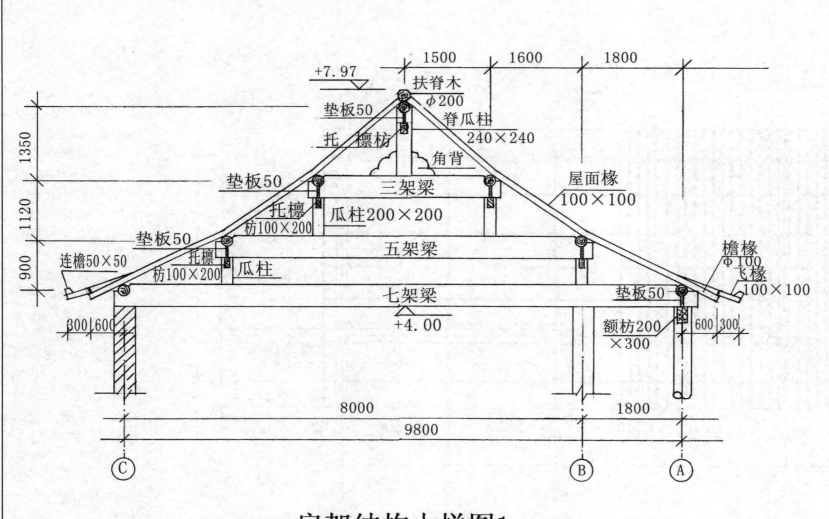

房架结构大样图1 1:50

注:

1. 该图为硬山结构房架。

2. 三、五、七架梁的实际长度按图标注尺寸,从各梁两端的各檩中心线外加一个檩径,计200,为各梁的实际长度。

3. 三、五、七架梁的断面尺寸均为300×400。

4. 飞、檐椽的做法参照本设计大木作结构中的附图5大样图。

5. 除脊瓜柱为240×240外,其他瓜柱均为200×200。

6. 角背的做法同图1-1-7中的角背做法大样图

图1-4-7

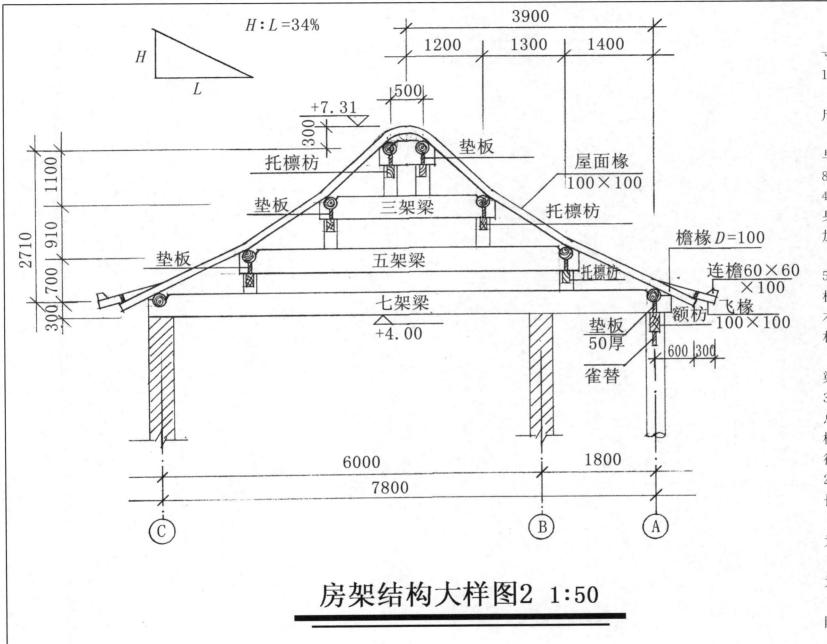

$H : L = 34\%$

房架结构大样图2 1:50

注:

1. 角背的几何尺寸在制作时参照图1-1-7中的大样图。

2. 脊托檩枋断面尺寸为100×200。

3. 扶脊木的下面与脊檩的上面,每隔800至1000处凿30×40木梢插入卯内,卯身不少于40,衔接时加以稳固,成为一体。

4. 垫板均为200×50,长度随檩长,垫板上下的衔接同扶脊木与脊檩的衔接做法相同。

5. 三、五、七架梁的断面尺寸均为300×400,每根梁的总长,以梁两端的各檩为中心线算起,各往外加一个檩径,计200,为各梁的实际长度。

6. 各檩的直径均为φ200。

7. 额枋断面尺寸为200×240。

8. 雀替的做法见附图5

图1-4-8

五 剧 院

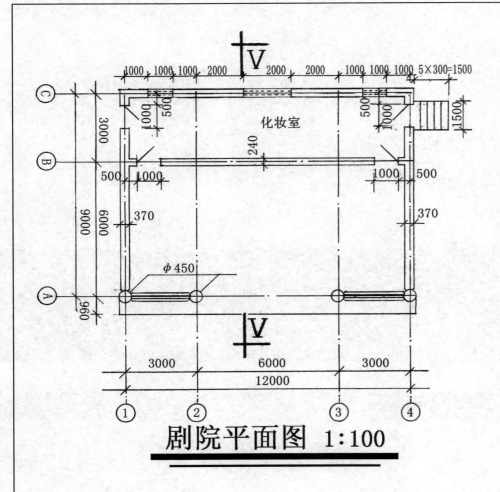

剧院平面图 1:100

注:
Ⓐ轴线外为900宽平台,上顶为120×500青石剁面,台基用青砖砌垒,通长12370。前台地面为木地板,后台水泥地面。

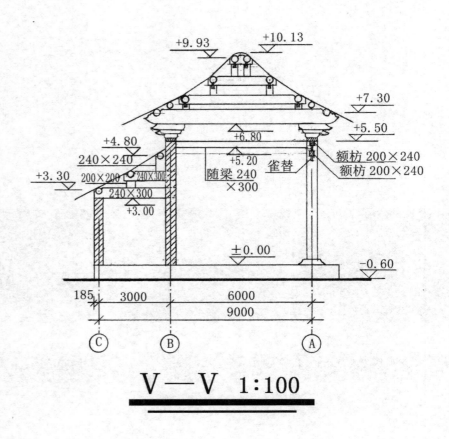

V—V 1:100

注:
1. 后面化妆室设高窗,距地高度为1800(以±0.00算起)
2. 本设计为剧院,施七踩斗栱屋顶为歇山建筑。
3. 化妆室两头踏步相同,仅一面标注。
4. 化妆室两山为小式硬山或悬山做法。

图 1-5-1

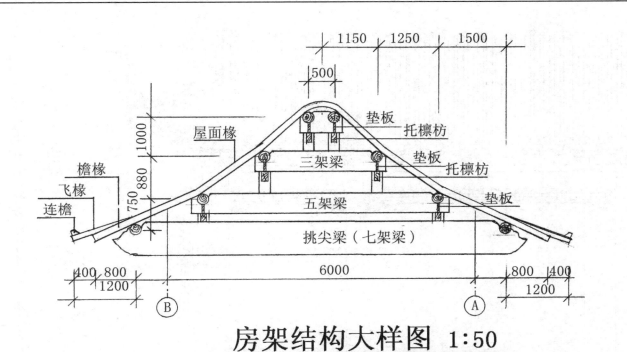

房架结构大样图 1:50

注:

1. 本结构大样图中各檩条直径为: 脊檩直径 $\phi 200$, 其他各檩直径 $\phi 200$。

2. 七架梁(挑尖梁)其断面尺寸为 300×600; Ⓐ、Ⓑ轴线以外挑出部分由宽 300 可变为 200~250。

3. 三、五架梁断面尺寸为 300×400; 垫板 50 厚, 在托檩枋的上面中心上凿 20 深的槽, 将垫板装入槽内。

4. 异角梁的后尾按传统做法, 必须装入槫碗, 将异角梁的后尾压入檩条之下。

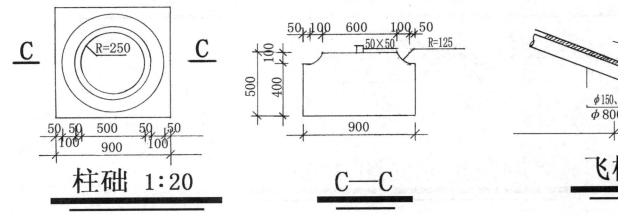

柱础 1:20

C—C

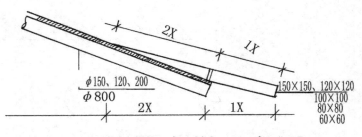

飞檐椽大样示意图

图 1-5-2

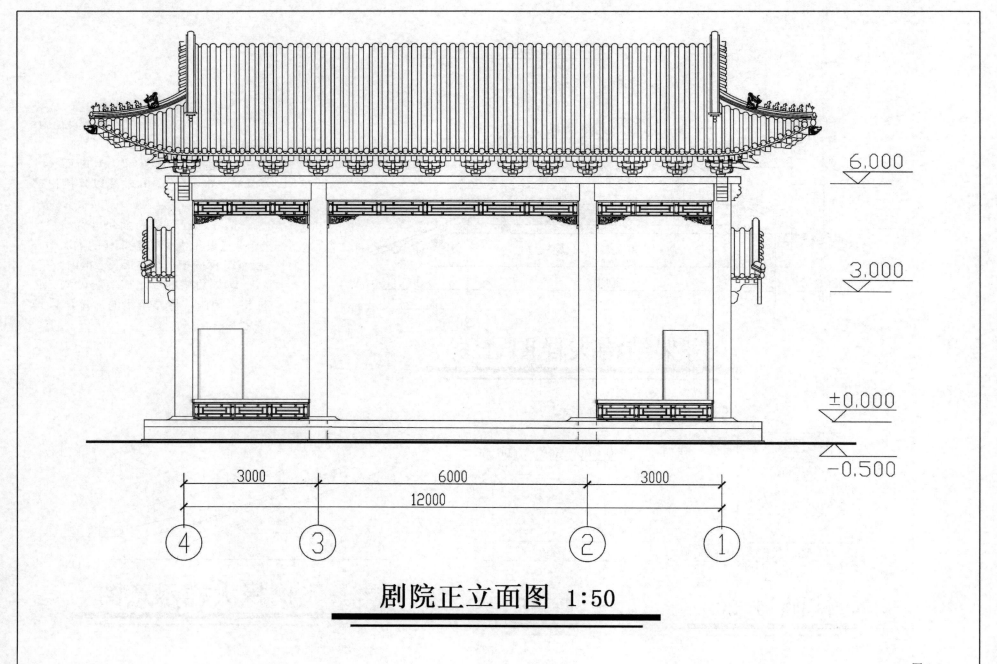

剧院正立面图 1:50

6.000

3.000

±0.000

−0.500

3000 6000 3000

12000

④ ③ ② ①

图 1-5-3

60

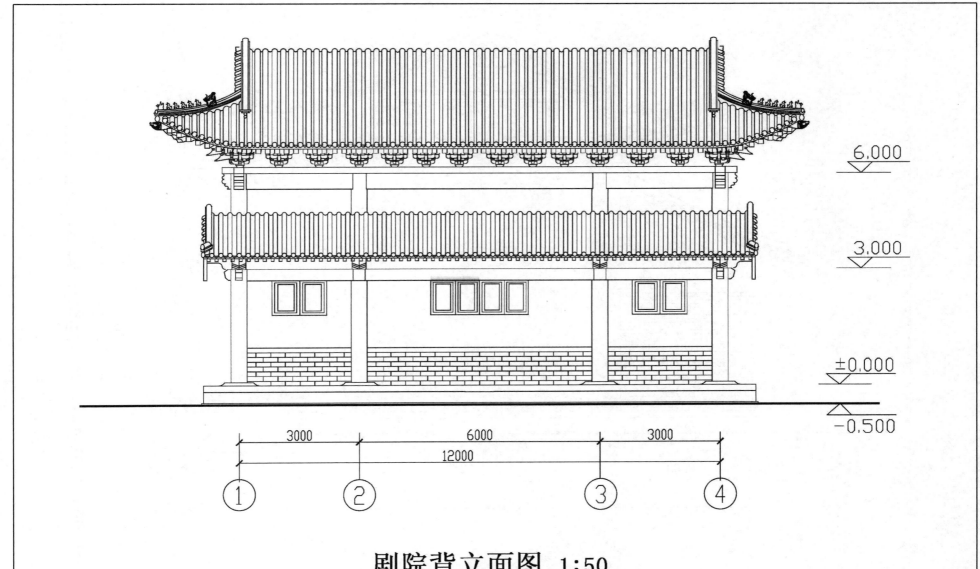

6.000

3.000

±0.000

-0.500

3000 6000 3000

12000

① ② ③ ④

剧院背立面图 1:50

图 1-5-4

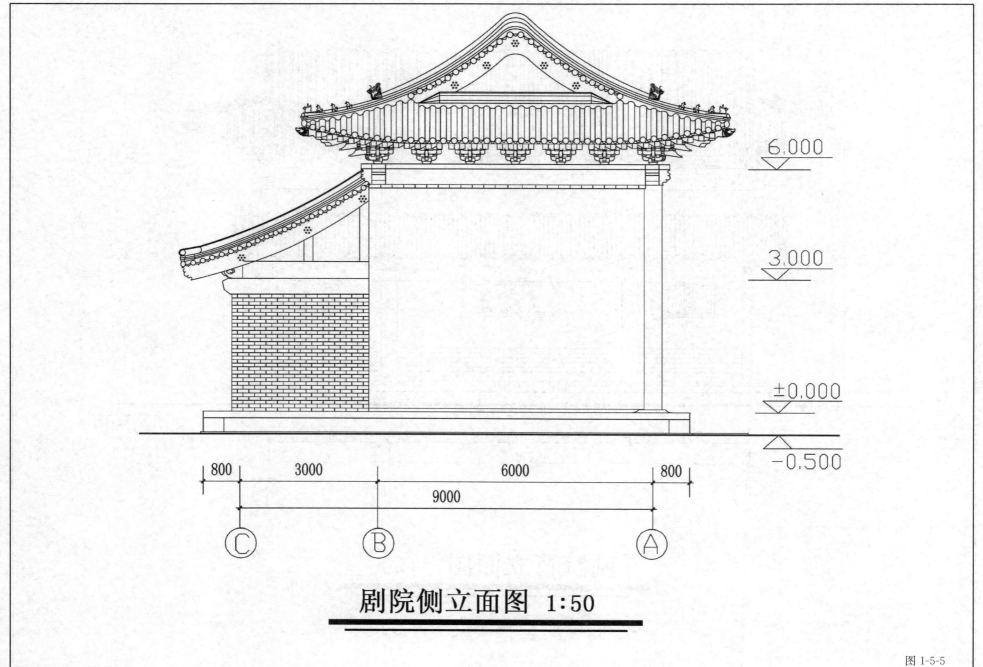

剧院侧立面图 1:50

800　3000　6000　800

9000

Ⓒ　Ⓑ　Ⓐ

6.000

3.000

±0.000

−0.500

图 1-5-5

62

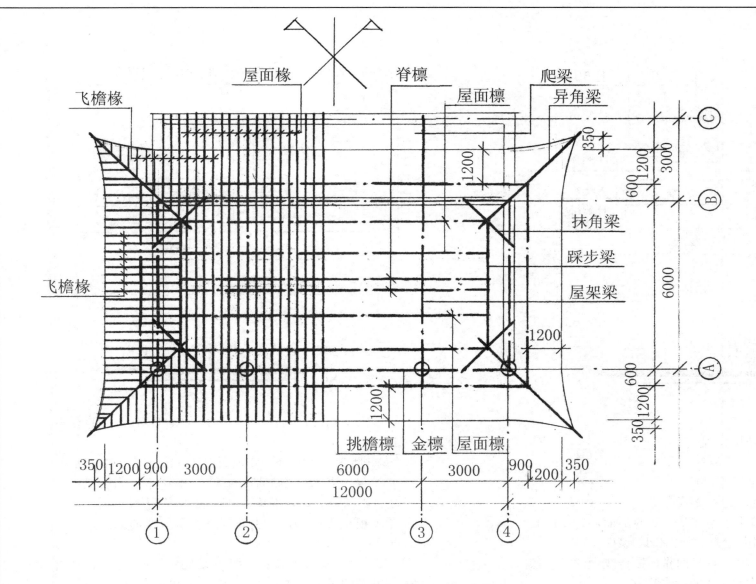

飞檐椽　屋面椽　脊檩　爬梁
飞檐椽　屋面檩　异角梁
异角梁
抹角梁
踩步梁
屋架梁
飞檐椽
挑檐檩　金檩　屋面檩

350 1200 900 3000 6000 3000 900 200 350
12000

1200
350 600 1200
600 1200
1200

3000
600 200
6000
600

350

① ② ③ ④
Ⓐ Ⓑ Ⓒ

屋面结构布置图 1:100

注:

1. 异角梁断面尺寸为220×260, 其具体做法参照本设计大木作结构大样图中的附图1大样图。

2. 抹角梁的断面具体尺寸, 由施工现场根据实际尺寸制作。

3. Ⓑ—Ⓒ轴线化妆室使用的屋面梁为爬梁, 在Ⅴ—Ⅴ剖面图中已标注, 可参照制作, 不再另出详细结构大样图。

4. 该图中飞椽为100×100, 檐椽为圆形, 直径φ100, 其间距为两个半椽径, 计250。

5. 屋面椽间距根据扒砖为长度确定, 外加10为施工缝。

6. Ⓑ—Ⓒ轴线化妆室上面使用的屋面椽, 其规格为80×80, 间距根据扒砖长度为准, 外加10为施工缝。

7. 四角飞、檐椽随异角梁翘起, 可用七根椽规正。

图 1-5-6

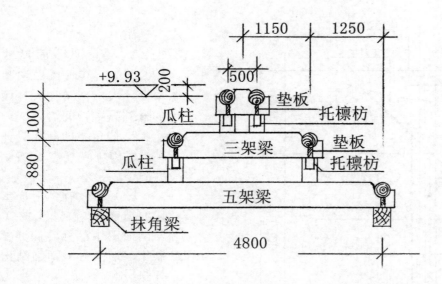

踩步梁 1:50

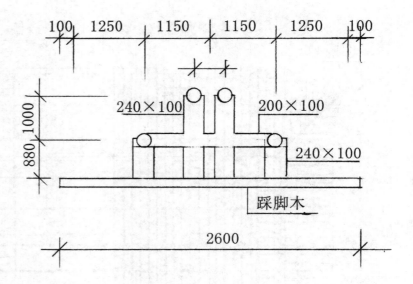

草架子 1:50

注：

1. 本图所标注垫板均为 50 厚。

2. 托檩枋断面均为 100×200。

3. 各瓜柱，断面均为 200×200。

4. 三、五架梁的断面均为 400×240。

5. 图 1-5-1 中Ⓑ—Ⓒ化妆室，Ⅴ—Ⅴ的剖面，标注的爬梁，后尾直接伸入Ⓑ轴墙内搁置，长度不少于 200。

6. 两山博缝板为 50 厚，对于油作，按传统做法，参照《中国古建筑修缮技术》中油漆作的具体做法。

7. 化妆室屋面檩直径为 φ180，檐檩（墙之上）直径不少于 φ150。

8. 剧院室内地面不再作地面设计，在本图中加以说明：每 3000 设一道 240 宽砖墙，高 300，上铺 150×250 方木 7根为主梁（纵向放），次梁为 75×150，每 300 一道，上铺 30 厚木板至±0.00，上表面刨光，涮生桐油二道，清漆二道。

9. 草架子紧靠踩步梁，檩条头以踩步梁中心线，外出240，将草架子压在檩头之下，用 30～40 护山板。

图 1-5-7

第二章　府第　公园大门

一　府第大门

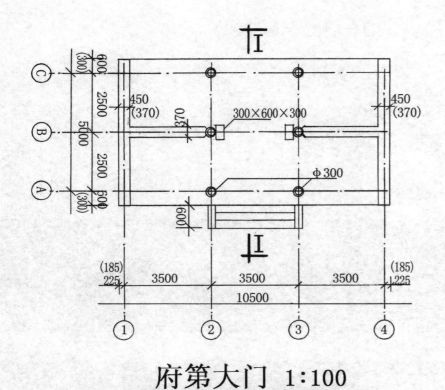

府第大门 1:100

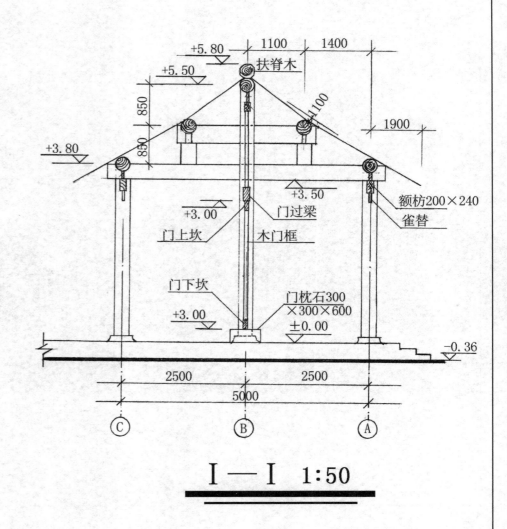

I — I 1:50

注:

1. 本设计为府第大门,该门分为两种,一种是大式硬山建筑;括号数字为悬山建筑。

2. ①~②、③~④之间为 370 墙,亦可去掉,变为同②~③。

3. 台明石、踏步均为青石墁面。

图 2-1-1

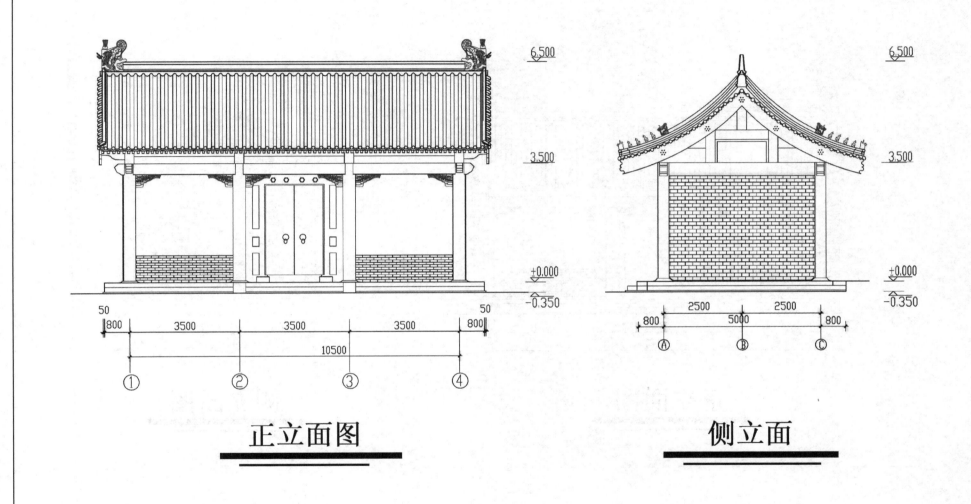

正立面图

侧立面

图 2-1-2

71

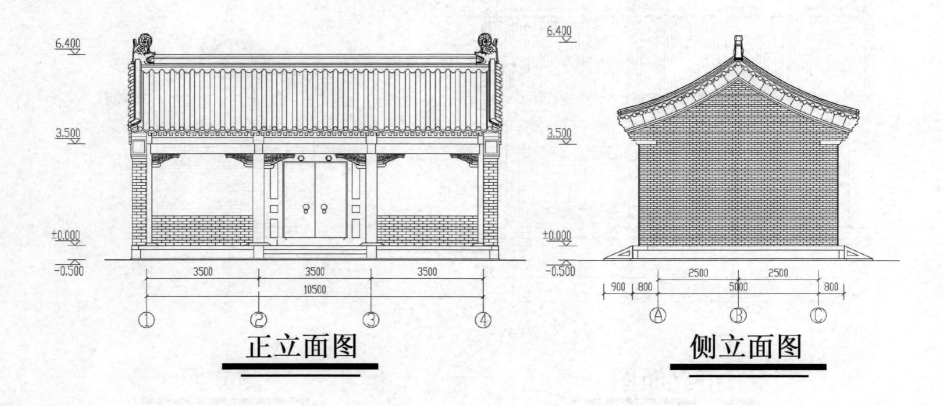

正立面图

侧立面图

图 2-1-3

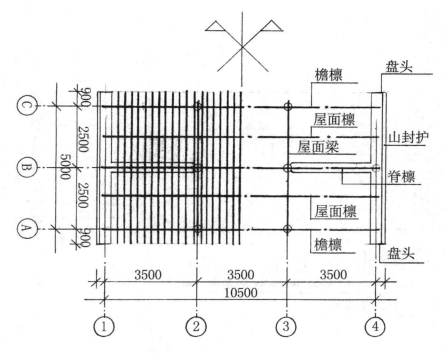

硬山屋面结构布置 1:100

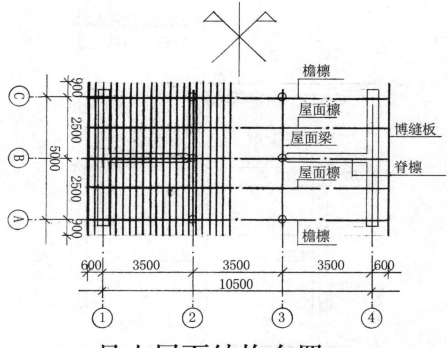

悬山屋面结构布置 1:100

注：

1. 本图屋面结构布置分为两种，一是大式硬山做法；二是悬山做法，可供参考。

2. 飞、檐间距为2.5，椽档计200；屋面椽的排放间距根据扒砖的长度，外加10作为施缝。

3. 飞椽断面尺寸为80×80；檐椽断面为φ80。

4. 在图2-1-1平面图中柱直径为φ300，上端（顶端）可制作为φ250。

5. 前后檐柱必须进行侧角，其侧角要求为1‰，计35。

6. 屋面梁的做法按传统工艺。

7. 抱头梁两端出柱长度为一个檩径，计180（以柱中线算起）。

图 2-1-4

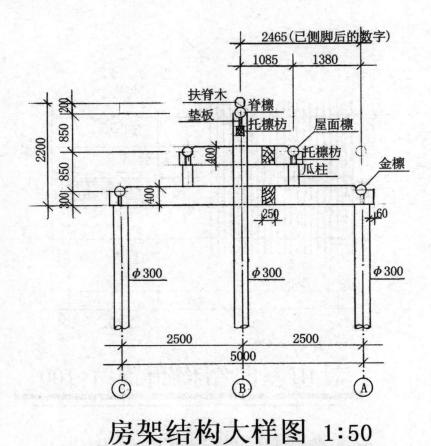

房架结构大样图 1:50

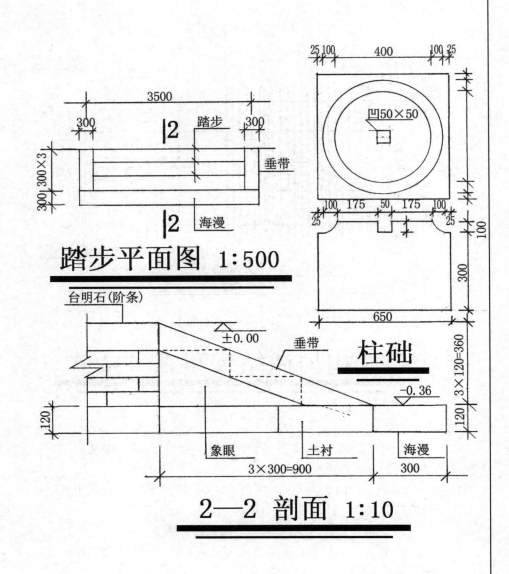

踏步平面图 1:500

柱础

2—2 剖面 1:10

注:
1. 凡两边相同仅一边标注。
2. 金檩、屋面檩直径为 φ180;脊檩直径为 φ200。
3. 垫板断面尺寸为 200×50;托檩枋断面尺寸为 200×100。

图 2-1-5

二　公园大门（一）

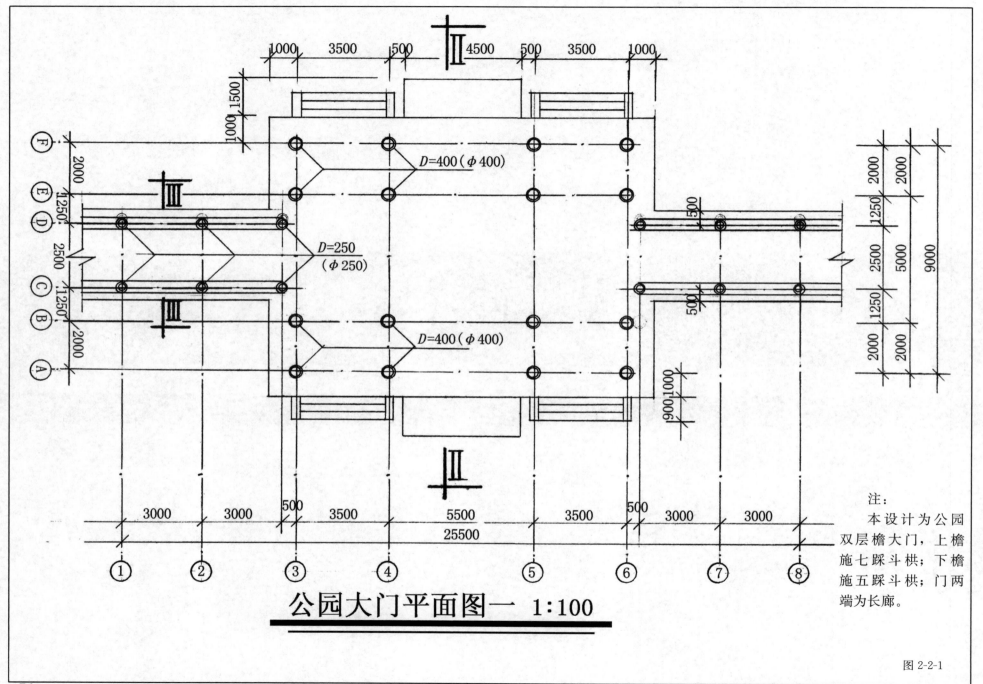

公园大门平面图一 1:100

图中标注：
- D=400（φ400）
- D=250（φ250）
- D=400（φ400）

尺寸标注（上部）：1000 3500 500 4500 500 3500 1000

尺寸标注（下部）：3000 3000 500 3500 5500 3500 500 3000 3000
25500

注：
本设计为公园双层檐大门，上檐施七踩斗栱；下檐施五踩斗栱；门两端为长廊。

图 2-2-1

76

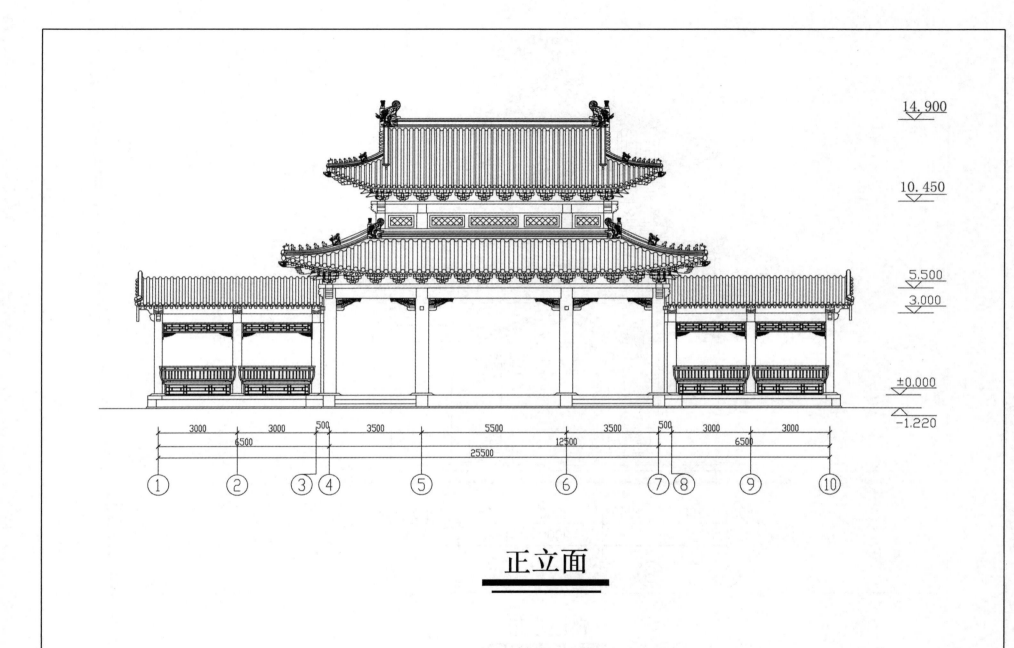

正立面

14.900

10.450

5.500

3.000

±0.000

-1.220

3000 3000 500 3500 5500 3500 500 3000 3000

6500 12500 6500

25500

① ② ③④ ⑤ ⑥ ⑦⑧ ⑨ ⑩

图 2-2-2

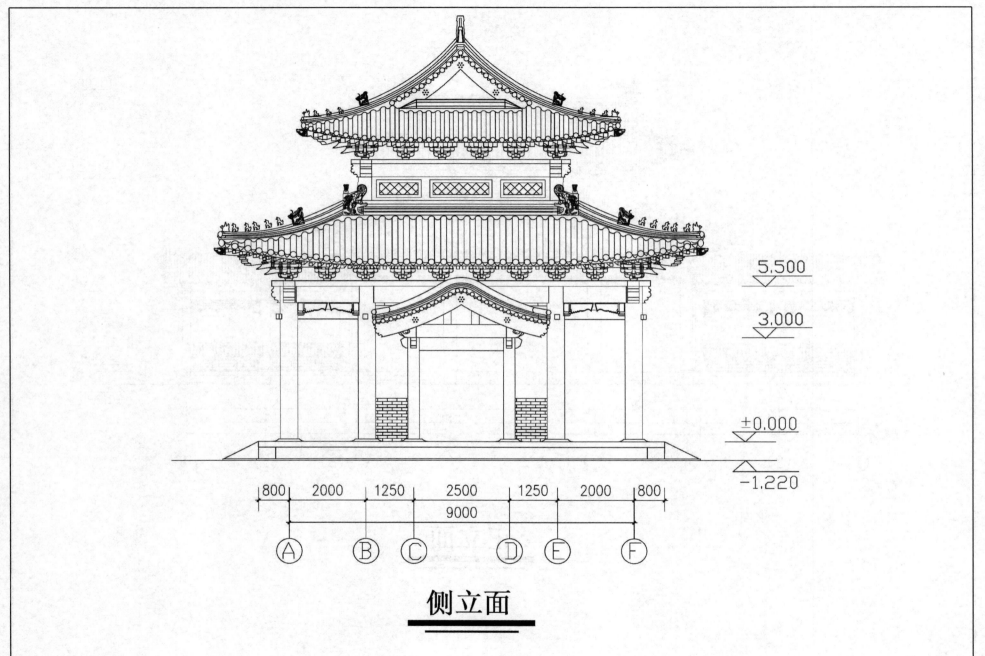

5.500

3.000

±0.000

−1.220

| 800 | 2000 | 1250 | 2500 | 1250 | 2000 | 800 |

9000

Ⓐ Ⓑ Ⓒ Ⓓ Ⓔ Ⓕ

侧立面

图 2-2-3

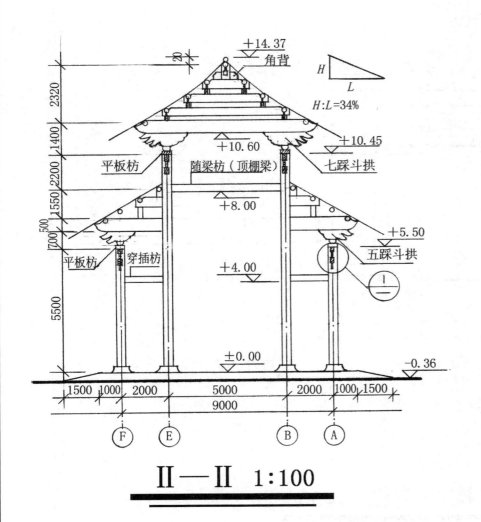

Ⅱ—Ⅱ 1:100

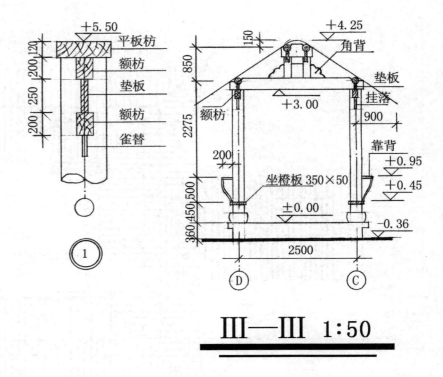

Ⅲ—Ⅲ 1:50

注：

1. 走廊柱下端直径为 φ250、顶端为 φ200（柱上端每边各收 25，计 50）。

2. 平板枋断面尺寸为 500 宽，12 厚；额枋断面尺寸为 180×200；垫板 250×60；雀替按传统做法。

3. +10.00 以下所使用的额枋、垫板各分别为：额枋 200×240、垫板 200×60。

图 2-2-4

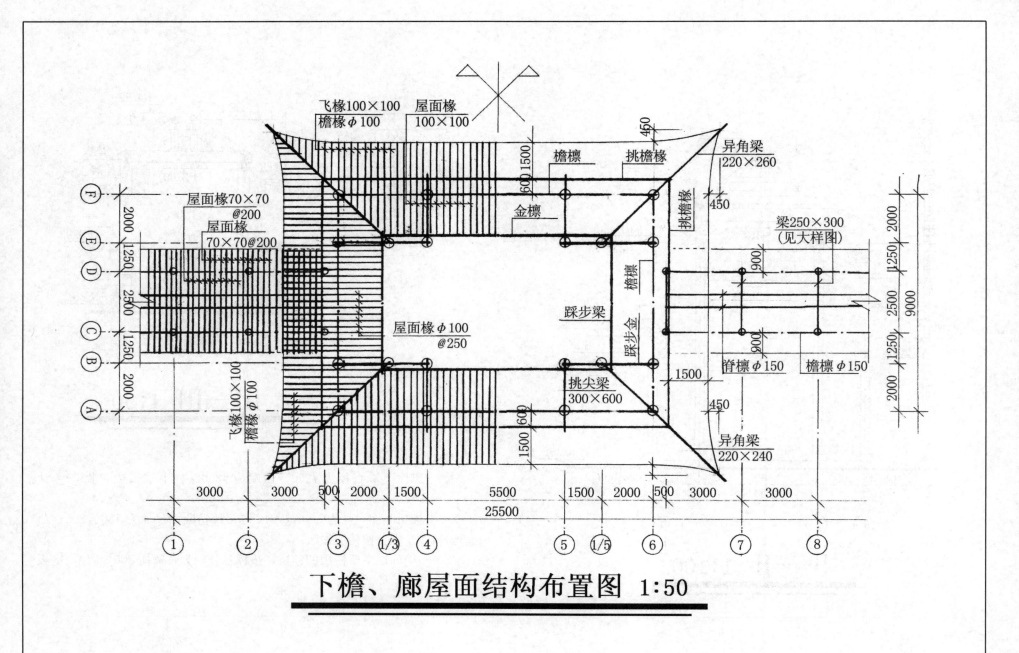

飞椽100×100
檐椽φ100
屋面椽
100×100
屋面椽70×70
@200
屋面椽
70×70@200
檐檩
金檩
挑檐椽
挑檐椽
异角梁
220×260
450
450
梁250×300
（见大样图）
屋面椽φ100
@250
飞椽100×100
檐椽φ100
踩步梁
踩步金
檐檩
挑尖梁
300×600
脊檩φ150
檐檩φ150
异角梁
220×240
1500
450

2000
1250
2500
1250
2000

900
900

2000
1250
2500
1250
2000
9000

600 1500

1500 600

F E D C B A

3000 3000 500 2000 1500 5500 1500 2000 500 3000 3000
25500

① ② ③ 1/3 ④ ⑤ 1/5 ⑥ ⑦ ⑧

下檐、廊屋面结构布置图 1:50

图 2-2-5

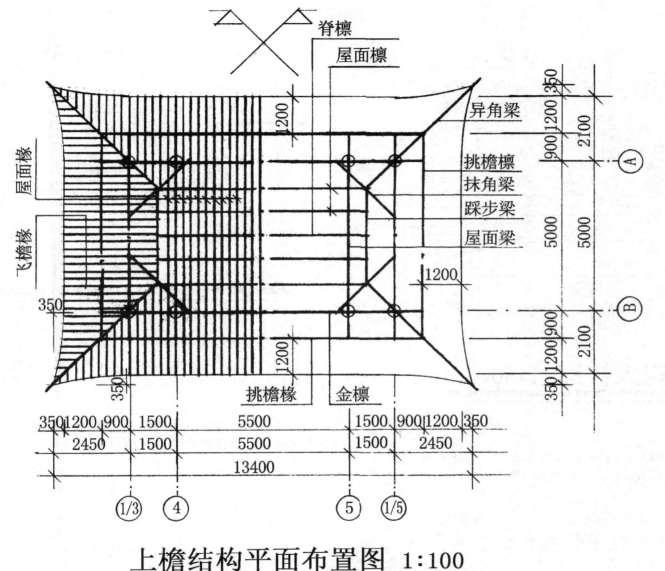

上檐结构平面布置图 1:100

图 2-2-6

注：

1. 本设计为公园大门。该大门的建造为歇山重檐，门的两端设长廊。大门开间为三间，各分别为 3500，中间为 5500，宽为 9000；长廊开间为 3000，宽 2500，间数可多可少，根据场地大小来确定之长短。

2. 1/3、1/5 轴是图 2-2-3 中的下檐结构平面，布置中增加的柱子，直径为 $\phi=400$，除廊柱外，均与大门柱相同。

3. 图 2-2-3 中标注的踩步金，断面为 400×500，梁顶标高同廊柱 5500 高。

4. 在图 2-2-3 结构平面图中增加的柱子下端，从踩步金标高的 5500 扎根升起，（下端直接栽至踩步金的上面），柱顶标高与金柱相同即 10000。

5. 飞椽 100×100，间距为 2.5，椽档计 250；檐椽为圆形，直径为 $\phi=100$，间距同飞椽。铺设望板厚度为 25～30。

6. 屋面椽其断面尺寸为 100×100，间距按扒砖的长度定，外加 10 施工缝。

7. 异角梁的断面尺寸为 220×260；仔角梁的前头留榫便于安套兽，其留置长度，按传统做法。

8. 抹角梁，在施工过程中，根据现场实际定长短，其断面尺寸为 240×300。

9. 异角梁的后尾伸入榑碗之内，不得直接搭在头上面。

10. 异角梁的制作参照大木作结构附图 1 大样示意图。

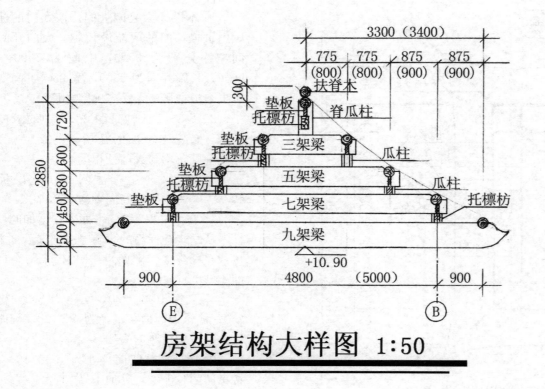

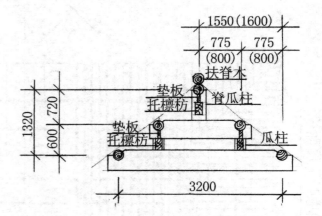

房架结构大样图 1:50

踩步梁大样图 1:50

注:

1. 图中各构件所使用材料及规格分别为: 各檩直径均为 φ200; 扶脊木为八棱, 规格同各檩; 垫板为 200×50; 托檩枋为 100×200; 脊瓜柱 240×240, 其余各瓜柱均为 200×200。

2. 各梁断面尺寸为 300×400; 九架梁断面尺寸为 300×600 (两端为挑尖梁), 两端按传统做法 (柱头以外的斗栱以上部分), 由断面宽 300 缩至为 250 宽或 200。

3. 房架结构大样图中所标注尺寸, 凡括号内数字为平面几何尺寸未有侧角的数字, 梁的长度所标注的尺寸为侧角后的实际数字, 而高度尺寸不变。

4. 本设计为全木作结构, 在施工过程中必须考虑侧角以保证整体结构的稳定性, 侧角按 1% 考虑。

图 2-2-7

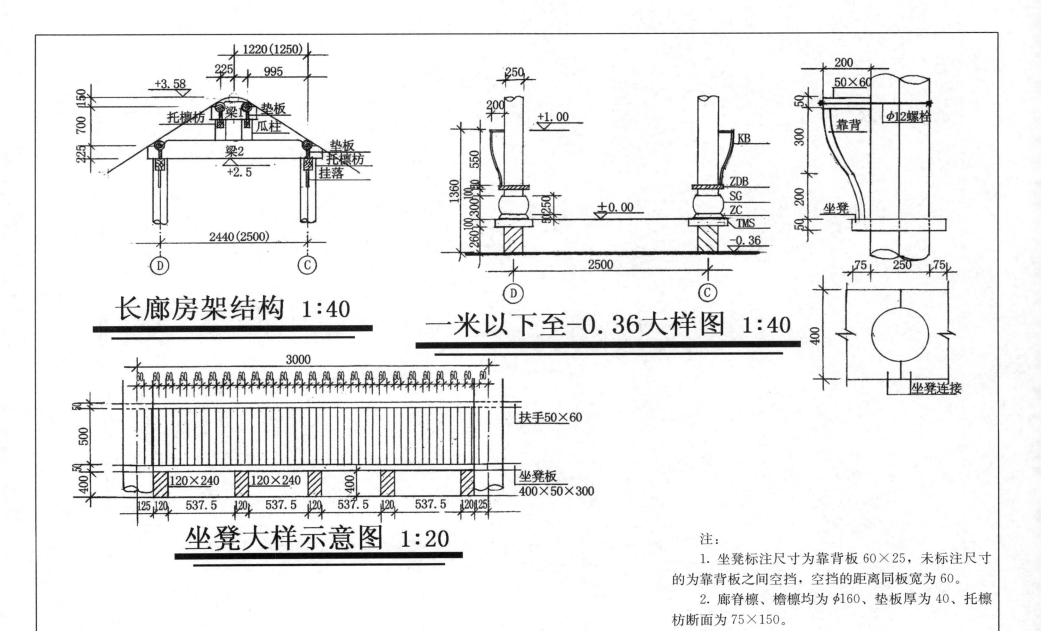

长廊房架结构 1:40

一米以下至-0.36大样图 1:40

坐凳大样示意图 1:20

注:
1. 坐凳标注尺寸为靠背板60×25,未标注尺寸的为靠背板之间空挡,空挡的距离同板宽为60。
2. 廊脊檩、檐檩均为φ160、垫板厚为40、托檩枋断面为75×150。
3. 梁1、梁2断面为240×300。

图 2-2-8

三　公园大门（二）

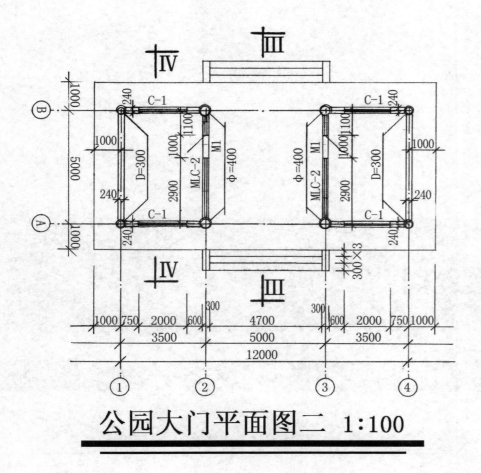

公园大门平面图二 1:100

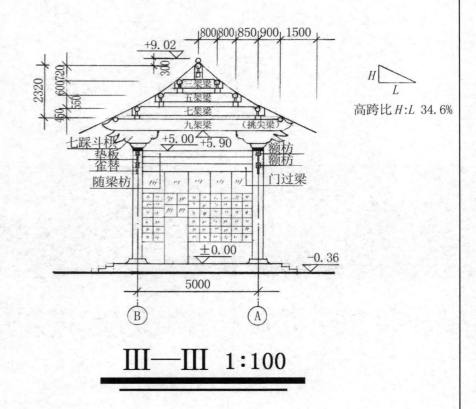

Ⅲ—Ⅲ 1:100

高跨比 $H{:}L$ 34.6%

注：

1. 踏步参照图 2-1-4 中的Ⅱ-Ⅱ剖面图。

2. M1 为 1000×4000，门洞净高 2000；MLC-2 为 3000，C-1 为 2000×2000，为古式木花格。

3. 额枋为 200×240，垫板为 50×300，门上坎梁为 240×400，随梁枋为 200×300，顶标高＋5.00 为天花板（顶棚）的底皮。

4. ＋5.00 至＋5.9 以下，用木板封闭作为木隔断墙。

图 2-3-1

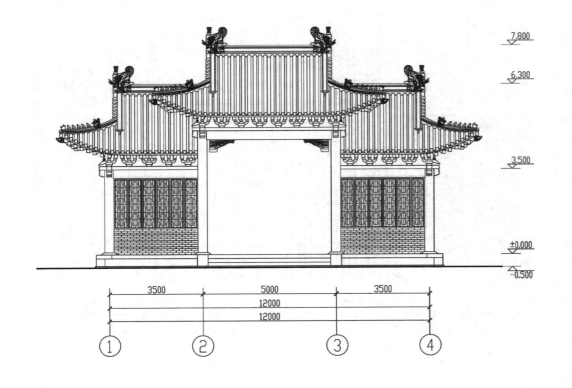

7.800

6.300

3.500

±0.000
-0.500

3500　　5000　　3500

12000

12000

① ② ③ ④

正立面图 1:50

7.800

6.300

3.500

±0.000
-0.500

50 750　　5000　　750 50

Ⓐ　　　　Ⓑ

侧立面图 1:50

图 2-3-2

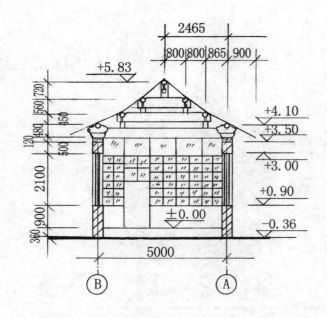

Ⅳ—Ⅳ 1:100

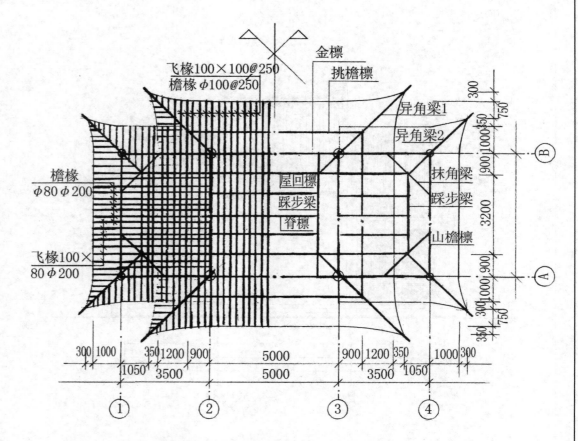

屋面结构平面布置图 1:100

注：

1. 异角梁：220×260；异角梁：200×240。

2. Ⅲ—Ⅲ、Ⅳ—Ⅳ剖面图中的上部尺寸是侧角后的数字，下宽5000，上端为4900（以5000柱的1%，计500）。

3. 挑檐檩、金檩、屋面檩、脊檩直径均为φ200；两边付跨各檩上面均为φ180。

4. 抹角梁断面尺寸均为240×360。

5. ①～②、③～④轴线，使用麻叶斗栱；②～③轴线四面均施七踩斗栱

图 2-3-3

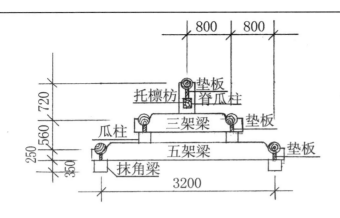

踩步梁结构大样 1:50

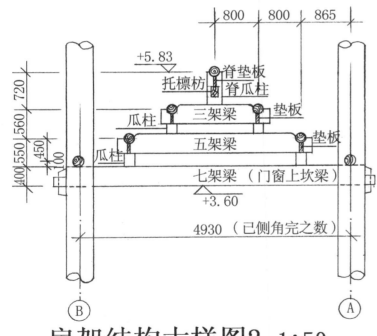

房架结构大样图2 1:50

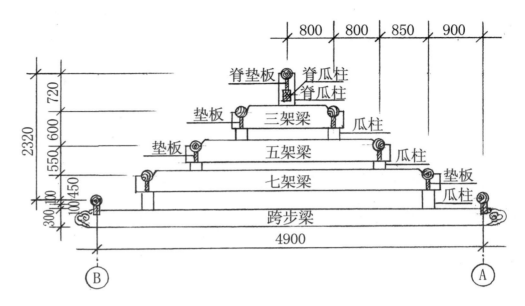

房架结构大样图1 1:50

1. 房架结构大样图1、2架的全长是1‰侧角后的数字，梁1柱高5000，按1‰侧角上端往里（四面）各收50；梁2柱高3500，按1‰侧角上端往里（三面）各收35。不论进深多宽，房架的长度均以柱高的1‰来确定。

2. 各构件的断面尺寸分别为：（梁1、2）脊瓜柱为240×240，其他瓜柱均为200×200，垫板均为50厚，三、五、七架梁均为240×400，跨步梁为240×300，抹角梁宽为240，高按实际尺寸。

3. 跨步梁的两头做法采用菊花头，菊花头外出长度从柱中心线算起，外加450。梁的前端做成150宽（同菊花头），具体做法参照本设计大木作结构附图1（菊花头大样图）。

4. 房架结构图2用于1—2、3—4轴线。

5. 大门四周均施4朵七踩斗栱，每朵斗栱的间距均为1000。

图 2-3-4

四 公园大门（三）

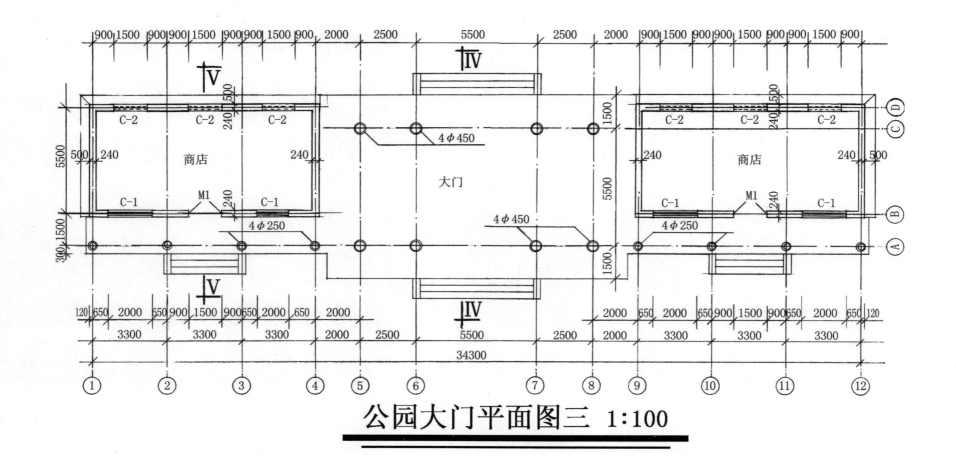

公园大门平面图三 1:100

注：

1. M1 门：1500×2500；C—1 窗：2000×1600；C—2 为高窗，1500×1000，距地（±0.00）1500。

2. 本设计门、窗均为古式花格，不再作结构详图，仅在本图中加以说明。

3. 本设计为公园大门，大门的两端设对称小百货商店各三间（配房）。

4. 该大门三间，长为1050，宽为5500。

图 2-4-1

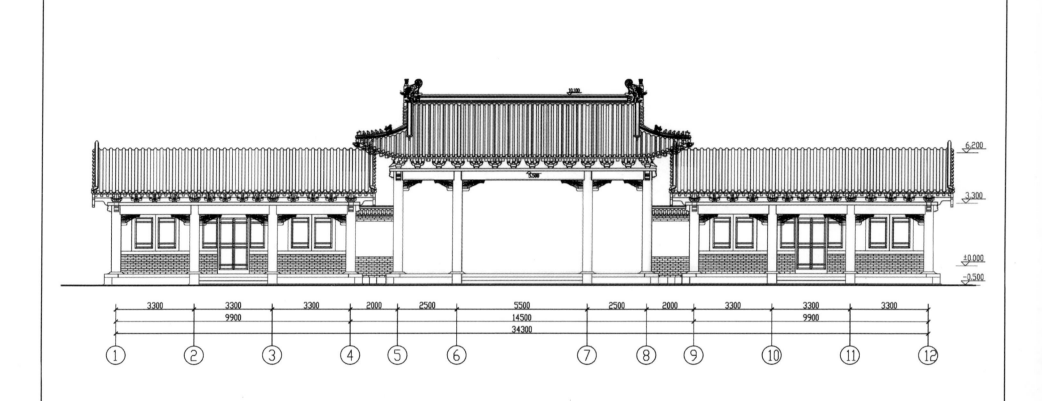

3300	3300	3300	2000	2500	5500	2500	2000	3300	3300	3300
9900					14500				9900	
34300										

① ② ③ ④ ⑤ ⑥ ⑦ ⑧ ⑨ ⑩ ⑪ ⑫

正立面图

图 2-4-2

93

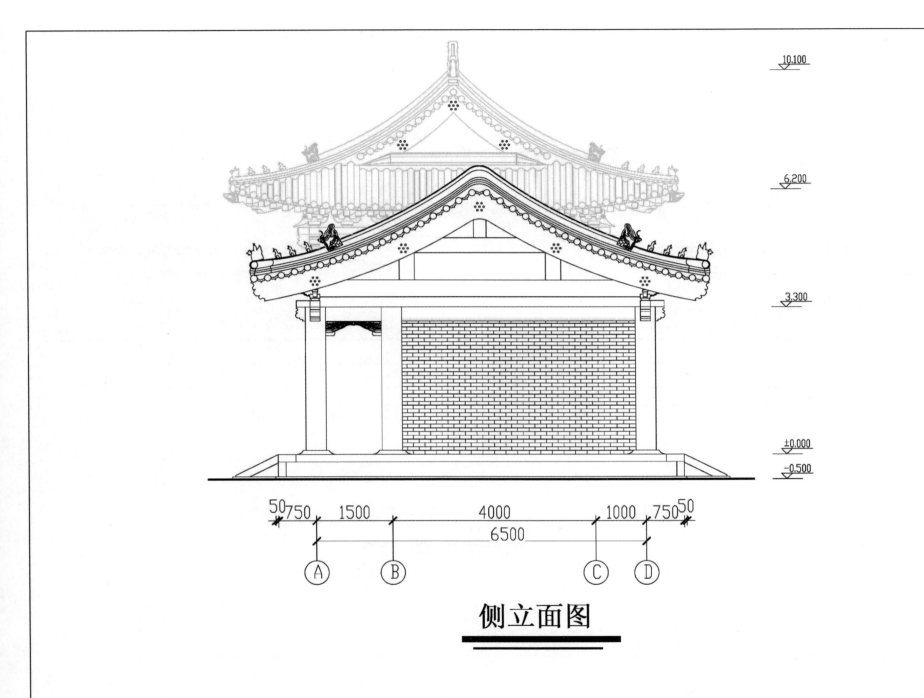

6.200

3.300

±0.000

−0.500

50 750　1500　　　4000　　　1000　750 50

6500

Ⓐ　　　Ⓑ　　　　　　Ⓒ　Ⓓ

侧立面图

图 2-4-3

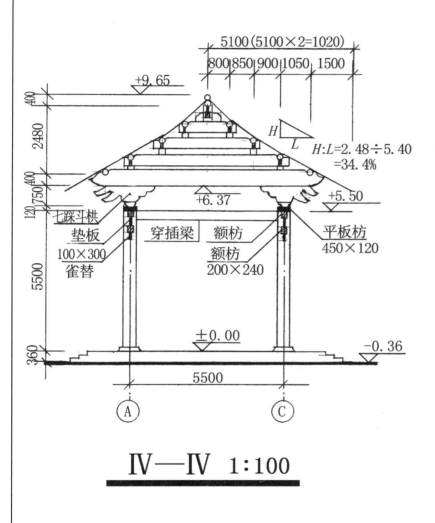

Ⅳ—Ⅳ 1:100

图中标注：
5100（5100×2=1020）
800 850 900 1050 1500
+9.65
400
2480
400
750
120
120
$H:L=2.48 \div 5.40 = 34.4\%$
+6.37
+5.50
七踩斗栱
垫板
100×300
雀替
穿插梁
额枋
额枋 200×240
平板枋 450×120
±0.00
5500
360
-0.36
5500
Ⓐ Ⓒ

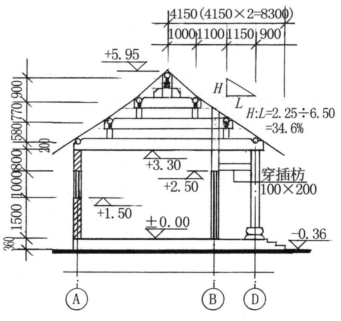

Ⅴ—Ⅴ 1:100

图中标注：
4150（4150×2=8300）
1000 1100 1150 900
+5.95
900
770
580
200
$H:L=2.25 \div 6.50 = 34.6\%$
+3.30
+2.50
+1.50
穿插枋 100×200
±0.00
1500 1000 800
360
-0.36
Ⓐ Ⓑ Ⓓ

注：

1. 本设计为公园大门，进深 5500，面阔 10500，施七踩斗栱。

2. 大门两边配房各三间，前有走廊，进深 6500，面阔 9900（开间 3300），墙宽均为 240。

3. 大门为歇山建筑，配房为悬山结构。

4. 踏步为青石垛面，共三步或五步，每步高 120，宽为 300。

5. Ⅳ—Ⅳ 图中Ⓐ—Ⓒ轴为 5500，上端标高 5500 外的宽为 5400，房架最下面的设计尺寸与柱上端相同，此数是按侧角 1‰后的数字为准，故加以说明。

6. 柱础、石鼓参照附图 3 中的 5—5 剖面及石鼓大样图。

7. 本图中的剖面图Ⓐ—Ⓒ轴、柱础参照附图 2 中的 1—1 剖面制作。

8. 大门上面的斗栱具体施工做法参照第四部分中的七踩斗栱大样图制作。

9. 穿插梁亦称连系梁其断面为 240×360。

图 2-4-4

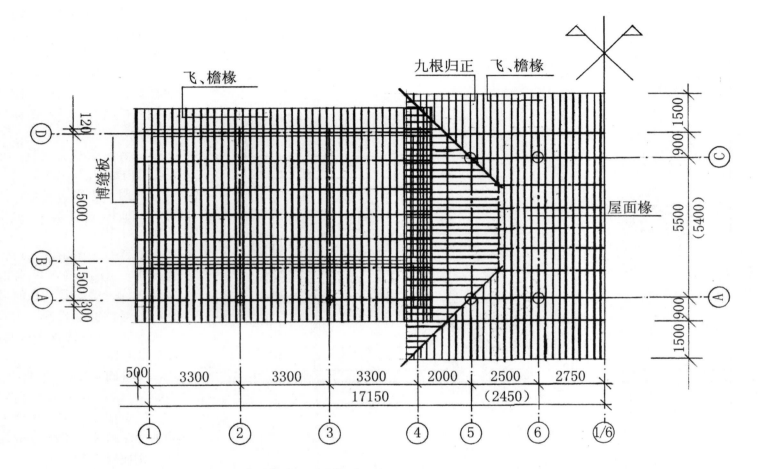

注:

1. 博缝板出墙为 2.5 檩径, 即 500（以山墙中心线算起）。

2. 门两端配房飞、檐椽出檐长度为 900; 飞椽规格为 80×80; 檐椽直径为 φ80。飞、檐椽的间距为 2.5, 椽档计 200（@=200）。

3. 大门飞椽为 100×100; 檐椽直径为 φ100; 飞檐椽其间距为 2.5, 椽档计 250。

4. 大门四角飞檐椽用九根或十一根规正。

5. 大门、配房、屋面椽铺设间距按扒砖的长度来确定, 按其扒砖的长度外加 10 为屋面椽的实际间距。

6. 本图屋面结构布置仅作 1/2, 在此为 1/6 轴, 故设对称符号。

屋面结构布置图 1:100

图 2-4-5

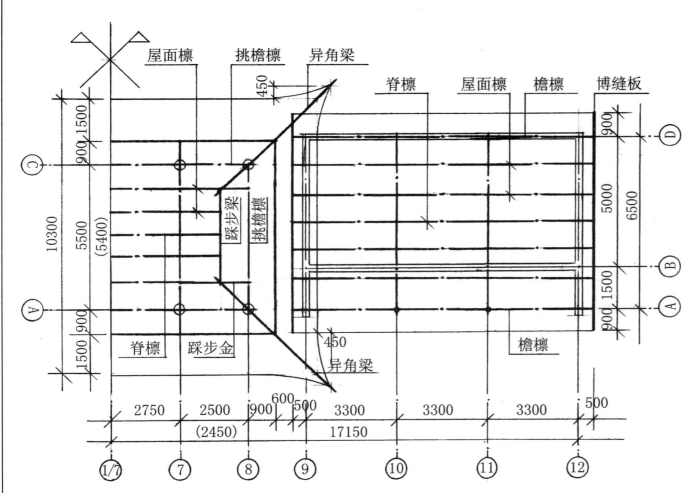

屋面檩　挑檐檩　异角梁　脊檩　屋面檩　檐檩　博缝板

踩步梁　挑檐檩

脊檩　踩步金

异角梁

檐檩

层面结构布置图(续前) 1:100

注：

1. 凡括号数为侧角后之数，亦是实际施工的具体尺寸。

2. 异角梁——老角梁为 220×260；仔角梁为 220×220。异角梁的后尾压在屋面檩下面（按传统做法扣榑椀），其具体做法参照本设计大木作结构附图 1 制作。

3. 大门挑檐檩直径为 φ200；脊檩、屋面檩均为 φ200；配房脊檩 φ200，其他各檩直径均为 φ180；

4. 踩步金断面尺寸为 240×300，前头坐在斗栱空间的平板枋上，后头（里面）压在穿插梁之上，待踩步梁制作后施工安装时，将踩步梁的两端的下面用瓜柱直接从穿插梁上升起。

5. 本图异角梁、各檩等仅作 1/2 布置，其他屋结构见 2-4-3 图

图 2-4-6

97

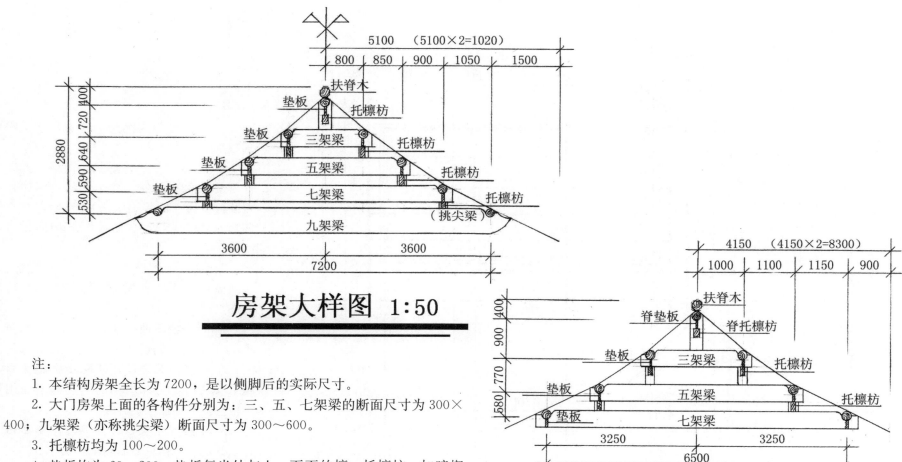

房架大样图 1:50

配房房架大样图 1:50

注：

1. 本结构房架全长为7200，是以侧脚后的实际尺寸。

2. 大门房架上面的各构件分别为：三、五、七架梁的断面尺寸为300×400；九架梁（亦称挑尖梁）断面尺寸为300～600。

3. 托檩枋均为100～200。

4. 垫板均为60～200；垫板每米处与上、下面的檩、托檩枋，加暗楔（榫）为防止垫板摆动而与檩、枋形成一体。

5. 各檩直径均为φ200，包括扶脊木使用规格与脊檩相同。

6. 配房：配房上面的木结构构件中，三、五、七架梁其断面均为240×350。

7. 两边配房垫板为50×200；托檩枋断面均为80×180。

8. 踩步梁为三架梁，在本图中加以说明，不再作大样图。

图2-4-7

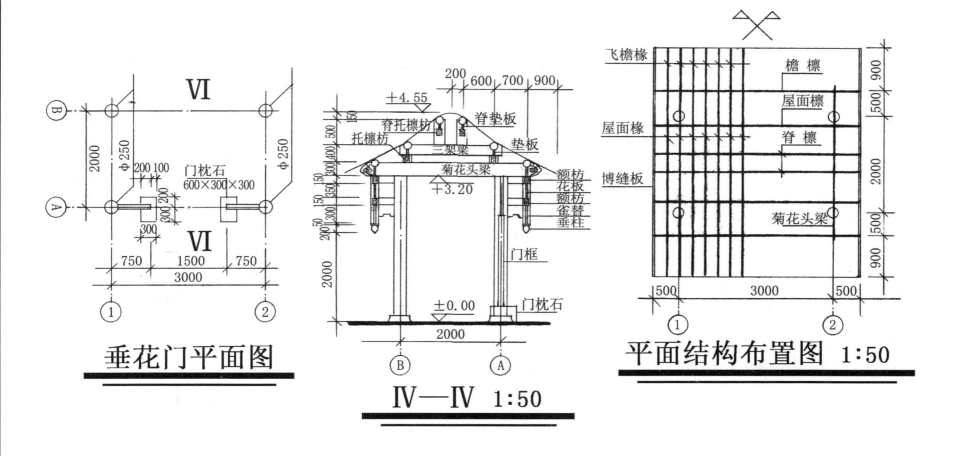

垂花门平面图

IV—IV 1:50

平面结构布置图 1:50

注：
1. 本设计为圆脊垂花门，长 3000、宽 2000。
2. 门枕石的前头雕刻石狮子或抱鼓石两种。
3. 垂花门门框、门扇、门上、下坎，均按传统做法。
4. 本设计图中所使用材料及其规格分别为：望板厚为 25；博缝板 50 厚，菊花头梁断面为 250×300；前后头出柱头以外将菊花头的部分变为 200 厚；各檩直径均为 φ150；各垫板使用规格为 40×150；托檩枋断面为 75×150；三架梁断面为 200×250；＋3.00 标高以下部分各额枋断面为 100×150；花板、雀替参照相关的传统做法；垂柱断面为 150×150；飞椽 80×80、檐椽 φ200@200；屋面椽间距按扒砖的长度外加 10 为施工缝。

图 2-4-8

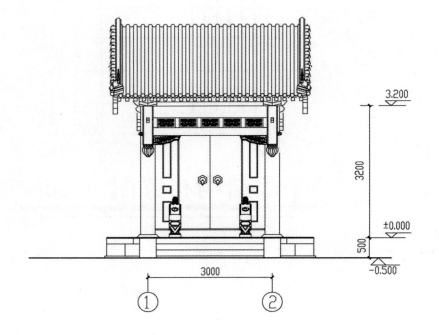

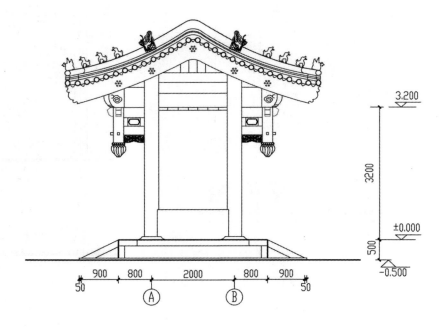

3.200

3200

±0.000

500

-0.500

3000

① ②

3.200

3200

±0.000

500

-0.500

50 900 800 2000 800 900 50

Ⓐ Ⓑ

图 2-4-9

第三章　楼阁　长廊　轩　水榭　凉亭

一　楼　阁

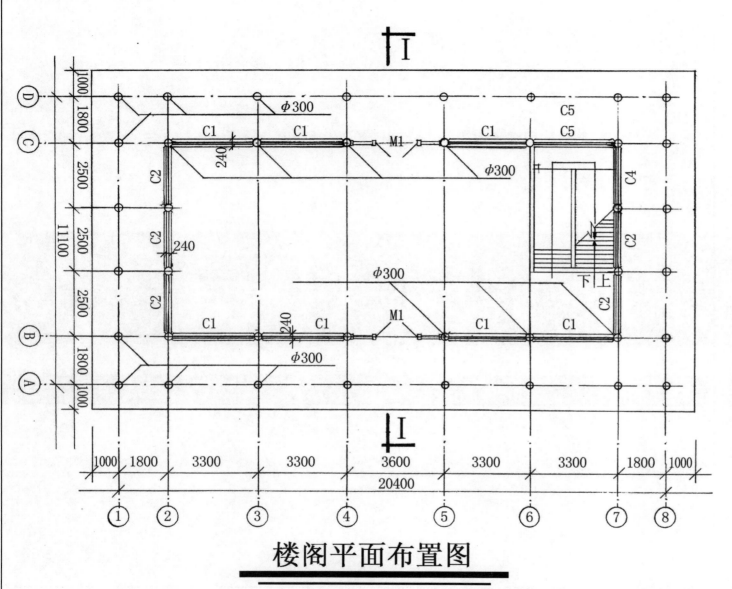

注：

1. 该设计为三层仿古建筑，该楼为第三部分混合结构，柱头以下部分（包括平板枋）均为钢筋混凝土结构，柱头以上为全木结构。

2. 本设计四周设回廊，楼的四面全为古式木花格门、窗，从造型上是按传统仿古要求设计而古朴大方。

3. 该楼可取名：望湖楼、望江楼、聚贤阁等名称。

4. M1门，中间为双扇门，两边为固定门扇；窗按古式相关的传统做法，本设计不作结构、大样图。窗的宽度按平面几何尺寸，窗高见图 3-1-4 中的 I-I 剖面图。

楼阁平面布置图

图 3-1-1

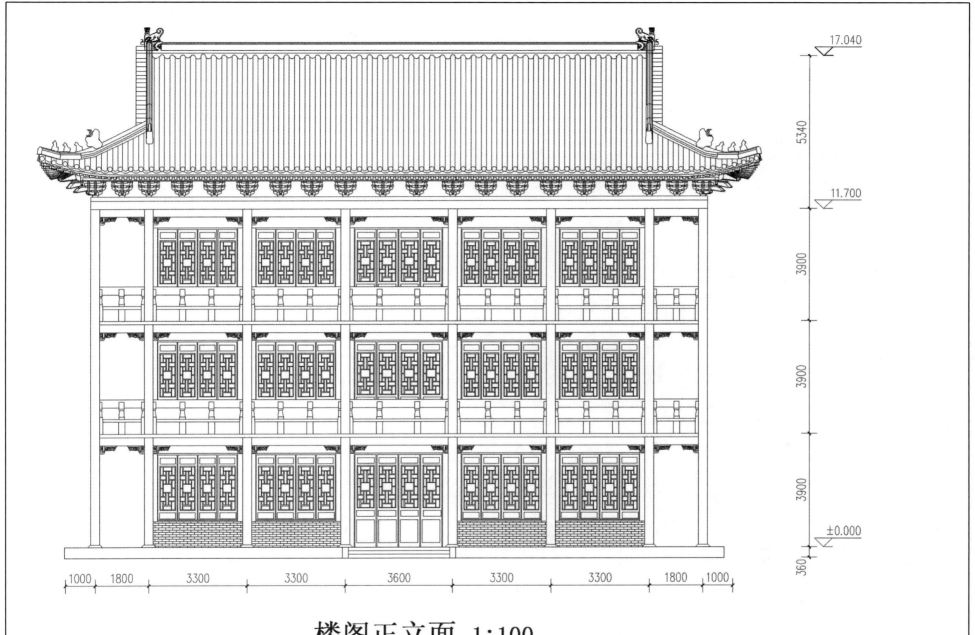

17.040

5340

11.700

3900

3900

3900

±0.000

360

1000 1800 3300 3300 3600 3300 3300 1800 1000

楼阁正立面 1:100

图 3-1-2

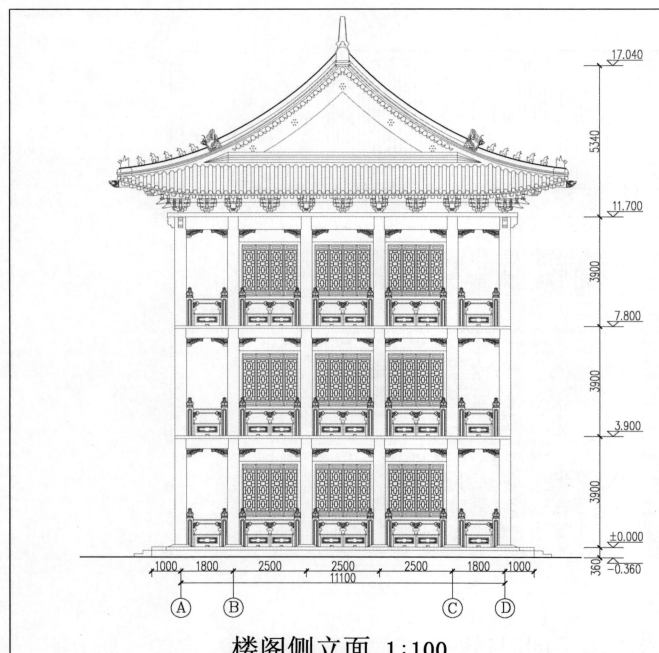

17.040

5340

11.700

3900

7.800

3900

3.900

3900

±0.000

360
−0.360

1000 1800   2500   2500   2500   1800 1000
11100

Ⓐ   Ⓑ   Ⓒ   Ⓓ

楼阁侧立面 1∶100

图 3-1-3

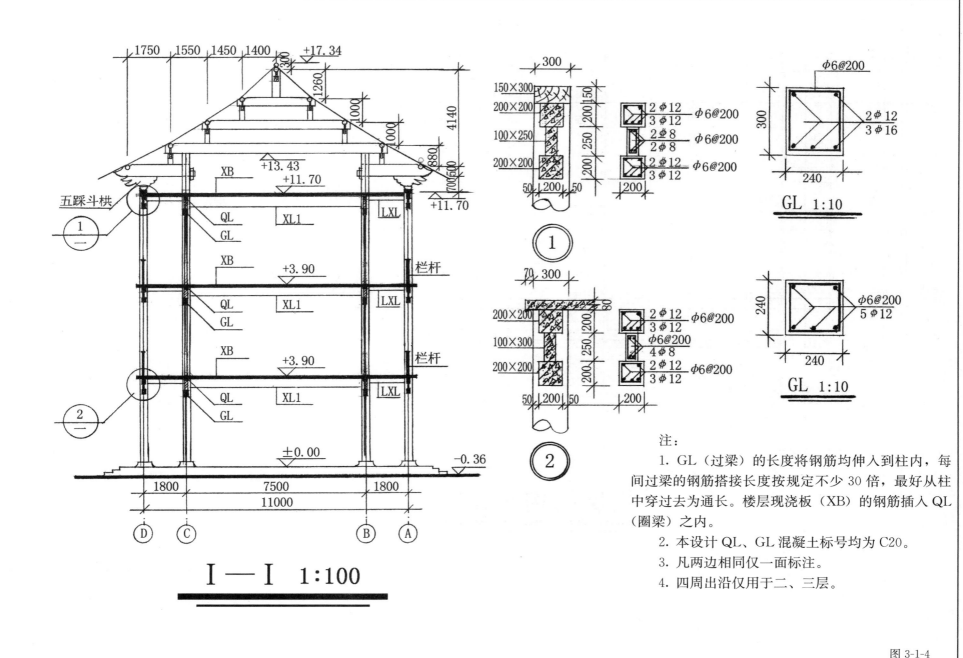

五踩斗栱

XB
QL
XL1
GL
LXL

XB
QL
XL1
GL
LXL
栏杆

XB
QL
XL1
GL
LXL
栏杆

+17.34
+13.43
+11.70
+11.70
+3.90
+3.90
±0.00
−0.36

1750 1550 1450 1400
4140
1260
1000
1000
880
700 500

1800 7500 1800
11000

Ⅰ—Ⅰ 1:100

300
150×300
200×200
100×250
200×200
2 φ 12
3 φ 12
2 φ 8
2 φ 8
2 φ 12
3 φ 12
φ6@200
φ6@200
φ6@200
200 250 200
50 200 50 200

①

300
φ6@200
2 φ 12
3 φ 16
300 240

GL 1:10

70 300
200×200
100×300
200×200
2 φ 12
3 φ 12
φ6@200
4 φ 8
2 φ 12
3 φ 12
φ6@200
φ6@200
200 250 200
50 200 50 200

②

φ6@200
5 φ 12
240 240

GL 1:10

注:
1. GL（过梁）的长度将钢筋均伸入到柱内，每间过梁的钢筋搭接长度按规定不少 30 倍，最好从柱中穿过去为通长。楼层现浇板（XB）的钢筋插入 QL（圈梁）之内。

2. 本设计 QL、GL 混凝土标号均为 C20。

3. 凡两边相同仅一面标注。

4. 四周出沿仅用于二、三层。

图 3-1-4

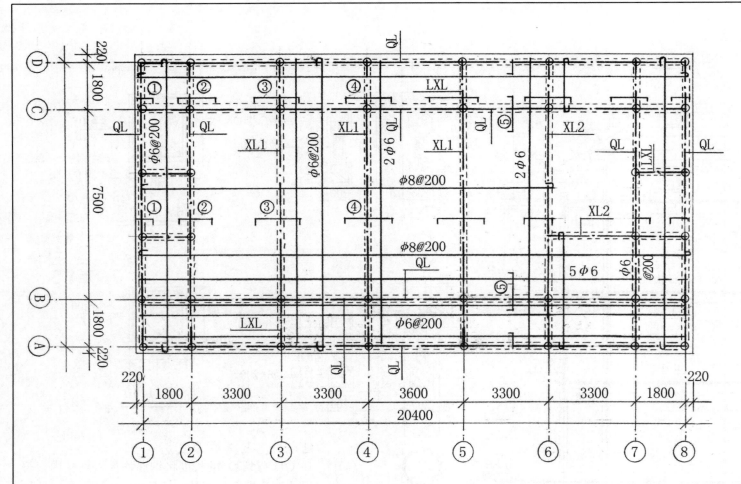

注:

1. 本结构平面图适用于二层、三层及顶层。

2. 本设计在结构平面布置中，混凝土标号采用 C20；钢材采用 1 级、3 级钢。Ⅰ 级钢为 "ϕ"，$Rg = 2400kg/cm^2$；Ⅲ 级钢为 ϕ，$Rg = 3800kg/cm^2$。

3. 抗裂筋：

① 为 $\phi8@200$ ⌐ 500 ⌐ 40

② 为 $\phi8@200$ ⌐ 850 ⌐ 40

③ 为 $\phi8@200$ ⌐ 1100 ⌐ 40

④ 为 $\phi8@200$ ⌐ 1150 ⌐ 40

⑤ 为 $\phi8@200$ ⌐ 1550 ⌐ 40

4. 抗裂筋的下面为 $\phi6$ 架力筋，其使用根数在本结构平面图中已标注。

5. 除出沿外、顶层（＋11.7）不出沿。

楼层结构布置图

图 3-1-5

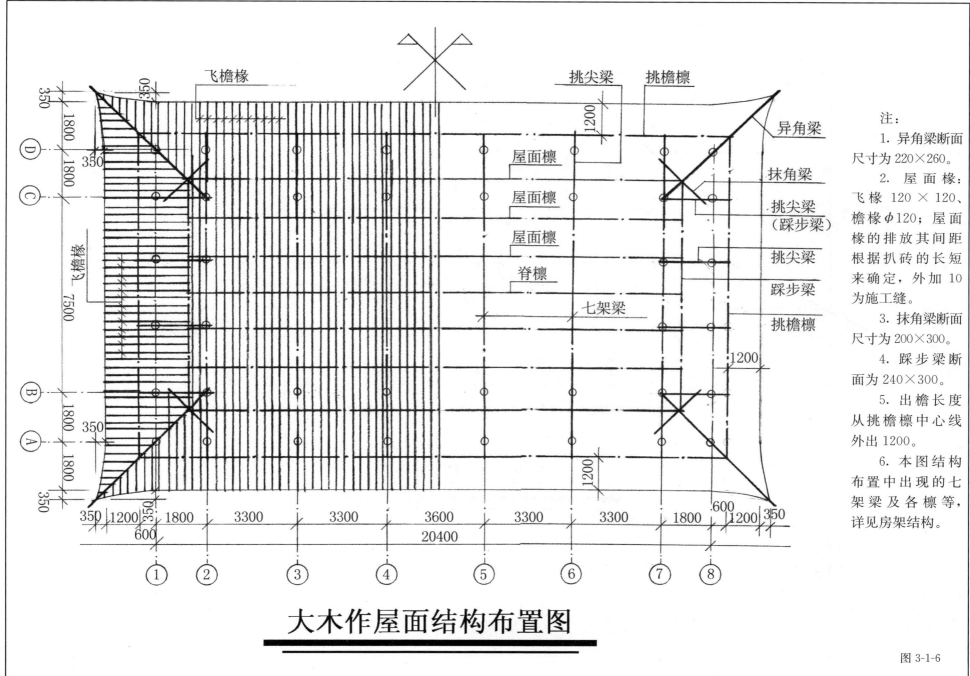

飞檐椽

挑尖梁

挑檐檩

异角梁

屋面檩

抹角梁

挑尖梁
（踩步梁）

挑尖梁

踩步梁

屋面檩

屋面檩

脊檩

七架梁

挑檐檩

飞檐椽

飞檐椽

350 350 1800 350 1800 350 7500 350 1800 350 1800 350

1200

1200

1200

1200

600

350 1200 350 1800 3300 3300 3600 3300 3300 1800 600 1200 350

600 20400

① ② ③ ④ ⑤ ⑥ ⑦ ⑧

Ⓐ Ⓑ Ⓒ Ⓓ

注：

1. 异角梁断面尺寸为220×260。

2. 屋面椽：飞椽 120×120、檐椽φ120；屋面椽的排放其间距根据扒砖的长短来确定，外加 10 为施工缝。

3. 抹角梁断面尺寸为200×300。

4. 踩步梁断面为 240×300。

5. 出檐长度从挑檐檩中心线外出 1200。

6. 本图结构布置中出现的七架梁及各檩等，详见房架结构。

大木作屋面结构布置图

图 3-1-6

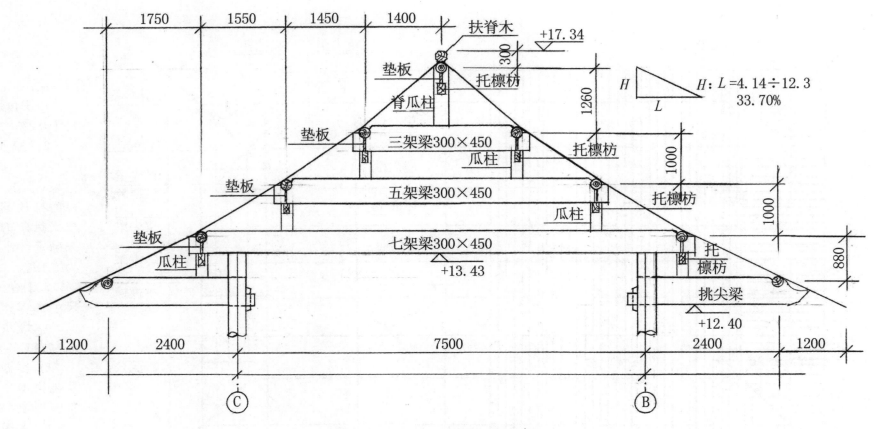

房架结构大样图

注：

1. 本图为楼阁房架大样图。

2. 图中所注结构构件其规格各分别为：扶脊木为八棱形同脊檩大小；脊檩直径为φ200；其他各檩直径均为φ200。

3. 垫板规格均为200×50。

4. 托檩枋均为100×200。

5. 脊瓜柱为240×240，其他各瓜柱均为200×200；角背做法同第一部分1-1-7图。

图 3-1-7

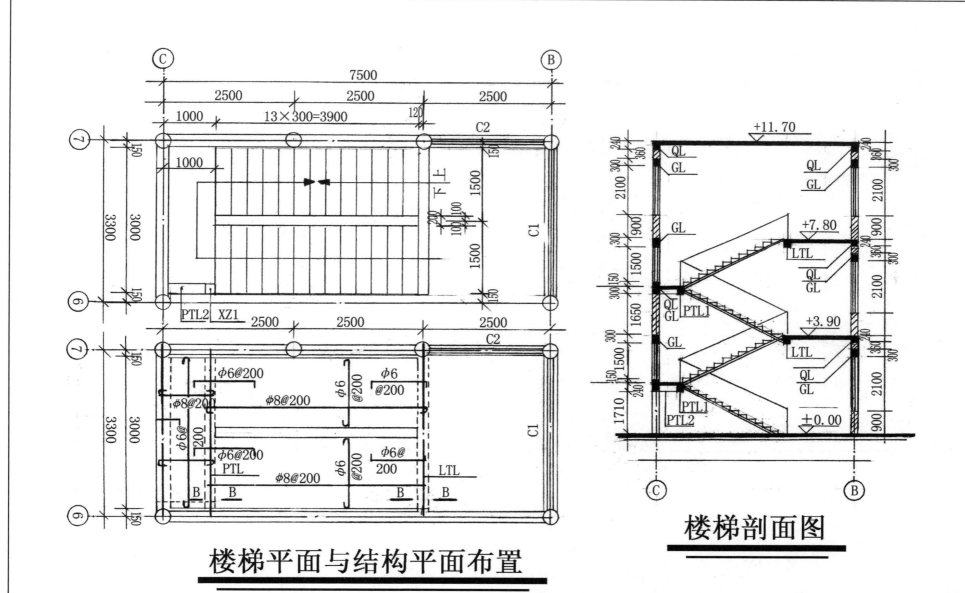

楼梯平面与结构平面布置

楼梯剖面图

图 3-1-8

115

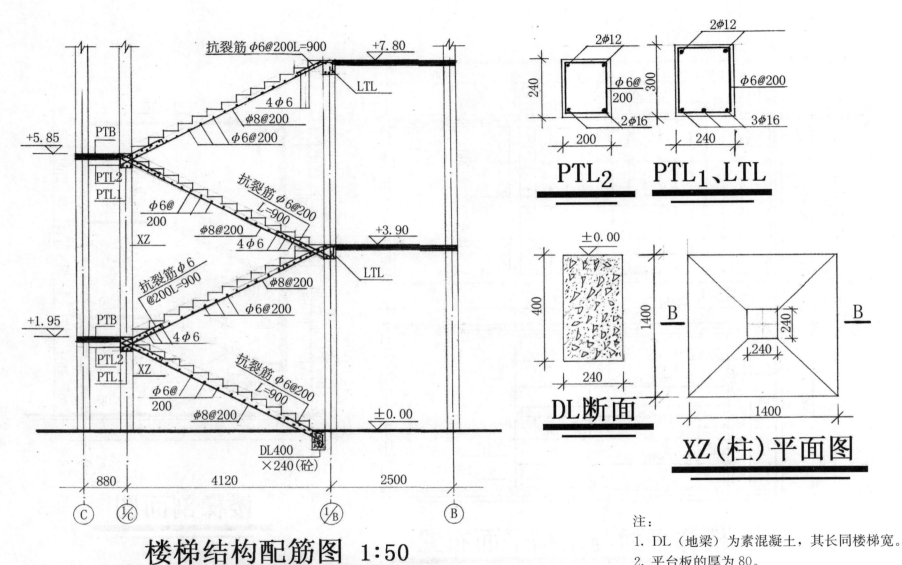

楼梯结构配筋图 1:50

PTL₂

PTL₁、LTL

DL断面

XZ（柱）平面图

注：
1. DL（地梁）为素混凝土，其长同楼梯宽。
2. 平台板的厚为80。

图 3-1-9

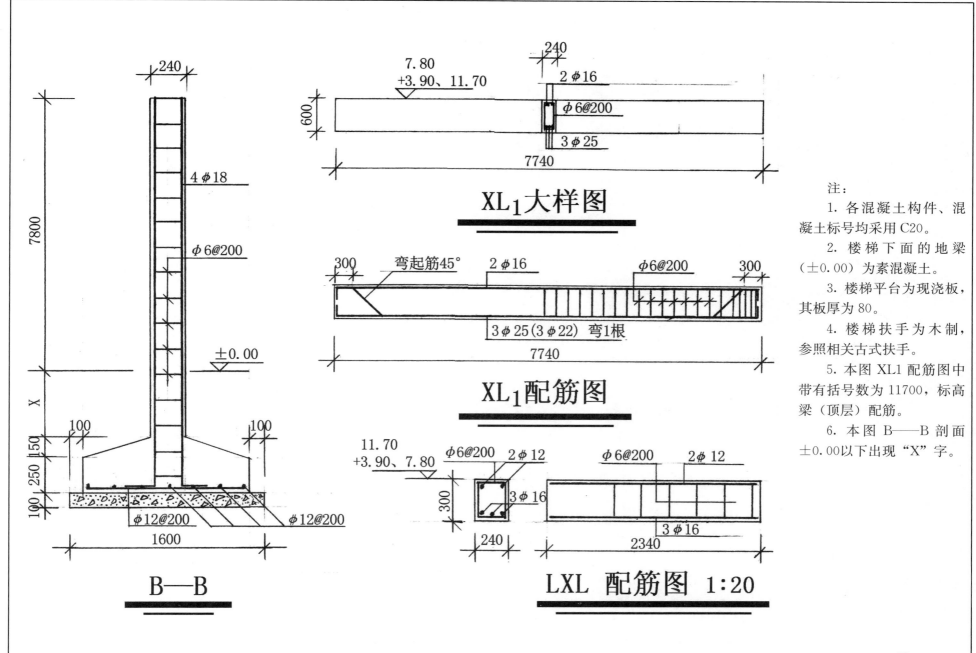

240

4 φ18

φ6@200

±0.00

7800

X

100
150
250
100

φ12@200   φ12@200

1600

B—B

7.80
+3.90、11.70

240

2 φ16

φ6@200

3 φ25

600

7740

XL₁大样图

弯起筋45°   2 φ16   φ6@200

300   300

3 φ25(3 φ22) 弯1根

7740

XL₁配筋图

11.70
+3.90、7.80

φ6@200 2 φ12   φ6@200   2 φ12

3 φ16

3 φ16

300

240   2340

LXL 配筋图 1:20

注：
1. 各混凝土构件、混凝土标号均采用C20。
2. 楼梯下面的地梁（±0.00）为素混凝土。
3. 楼梯平台为现浇板，其板厚为80。
4. 楼梯扶手为木制，参照相关古式扶手。
5. 本图 XL1 配筋图中带有括号数为11700，标高梁（顶层）配筋。
6. 本图 B——B 剖面±0.00以下出现"X"字。

图 3-1-10

二 湖 心 亭

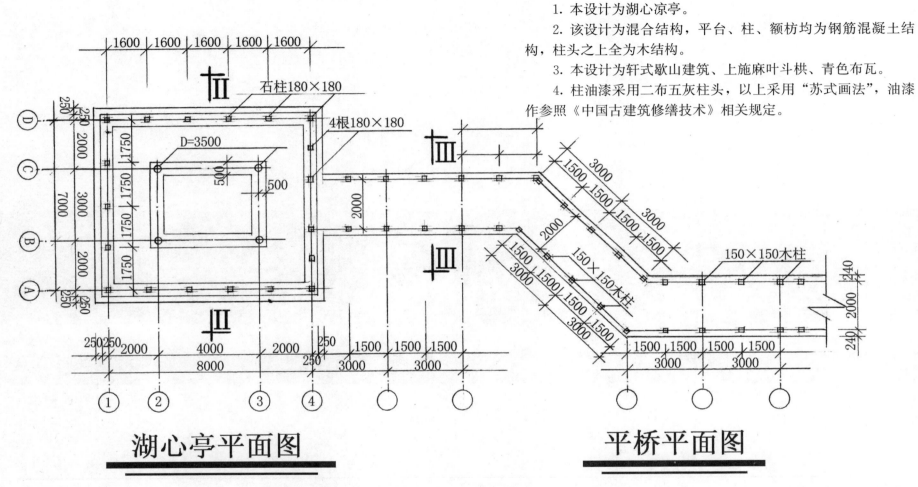

注：
1. 本设计为湖心凉亭。
2. 该设计为混合结构，平台、柱、额枋均为钢筋混凝土结构，柱头之上全为木结构。
3. 本设计为轩式歇山建筑、上施麻叶斗栱、青色布瓦。
4. 柱油漆采用二布五灰柱头，以上采用"苏式画法"，油漆作参照《中国古建筑修缮技术》相关规定。

湖心亭平面图

平桥平面图

5. 本设计轩亭长为 4000，宽为 3000，轩亭四周平台各为 2000。外出沿四周均为 500（以中心线算起），平台的总长为 9000，总宽为 8000，计面积为 72m²。

6. 平桥的长度根据湖边至湖心亭的距离确定其长短，每 3000 为一节。

7. 石柱与栏板的下面地伏均为 150 厚、500 宽青石垛面，柱下面的台明石为 150 厚、750 宽，亭内地面铺设青色古式方砖，亭四周平台铺红色花岗石火烧板。

8. 平桥上面均为木制栏杆。

图 3-2-1

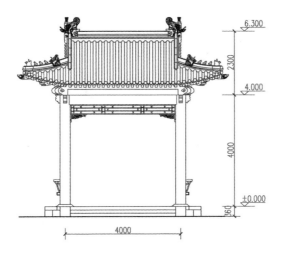

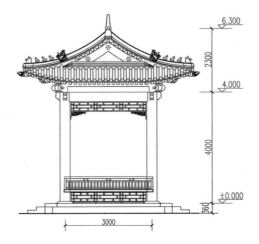

湖心亭正立面 1:100

湖心亭侧立面 1:100

图 3-2-2

121

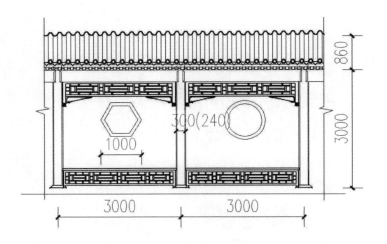

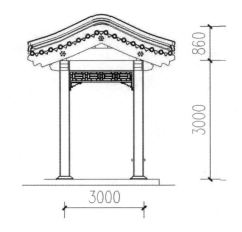

860

3000

300(240)

1000

3000   3000

860

3000

3000

长廊正立面 1:100

长廊侧立面 1:100

图 3-2-3

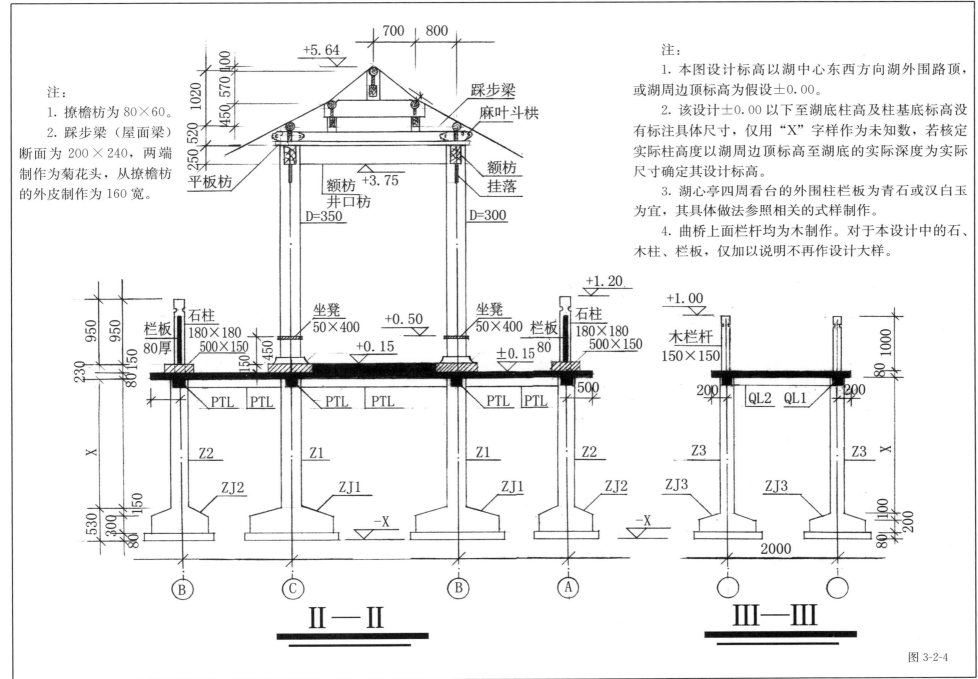

注：

1. 本图设计标高以湖中心东西方向湖外围路顶，或湖周边顶标高为假设±0.00。

2. 该设计±0.00以下至湖底柱高及柱基底标高没有标注具体尺寸，仅用"X"字样作为未知数，若核定实际柱高度以湖周边顶标高至湖底的实际深度为实际尺寸确定其设计标高。

3. 湖心亭四周看台的外围柱栏板为青石或汉白玉为宜，其具体做法参照相关的式样制作。

4. 曲桥上面栏杆均为木制作。对于本设计中的石、木柱、栏板，仅加以说明不再作设计大样。

注：

1. 撩檐枋为80×60。

2. 踩步梁（屋面梁）断面为200×240，两端制作为菊花头，从撩檐枋的外皮制作为160宽。

踩步梁
麻叶斗栱
额枋
挂落
平板枋
额枋
井口枋

II—II

III—III

图 3-2-4

123

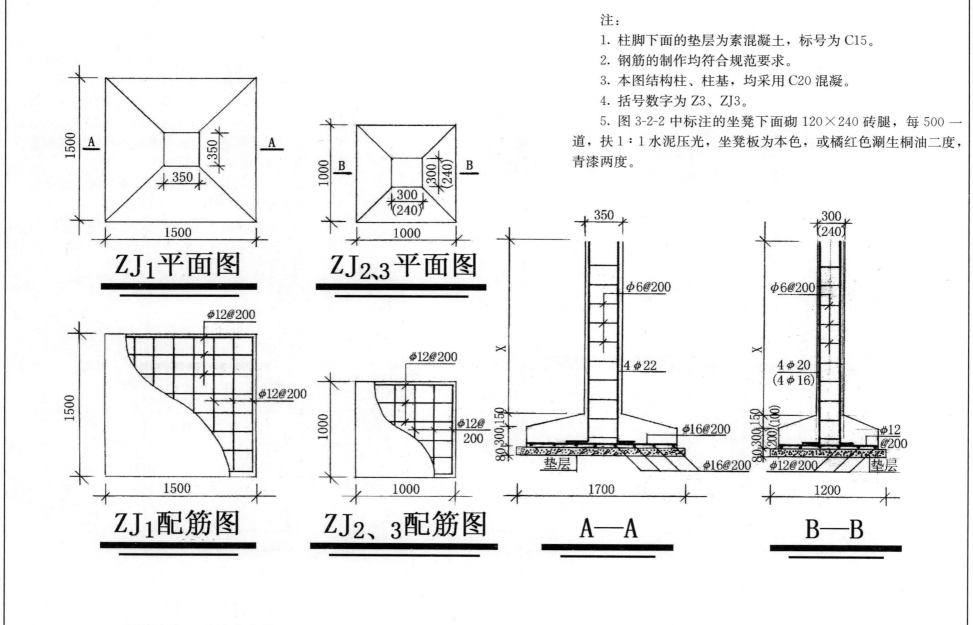

注：
1. 柱脚下面的垫层为素混凝土，标号为 C15。
2. 钢筋的制作均符合规范要求。
3. 本图结构柱、柱基，均采用 C20 混凝。
4. 括号数字为 Z3、ZJ3。
5. 图 3-2-2 中标注的坐凳下面砌 120×240 砖腿，每 500 一道，扶 1：1 水泥压光，坐凳板为本色，或橘红色涮生桐油二度，青漆两度。

ZJ₁平面图

ZJ₂、₃平面图

ZJ₁配筋图

ZJ₂、₃配筋图

A—A

B—B

图 3-2-5

124

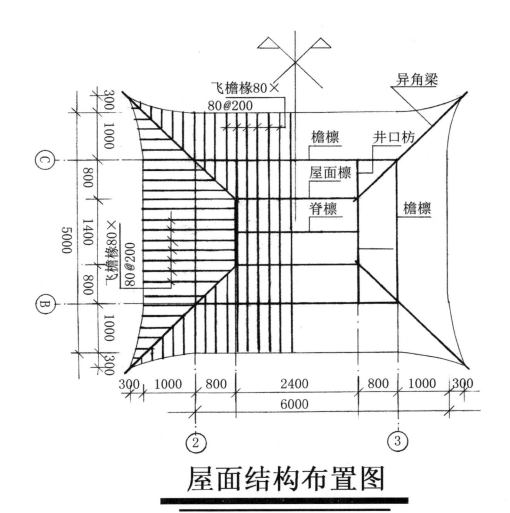

异角梁

飞檐椽80×
80@200

300
1000
800
1400
800
1000
300
5000

飞檐椽80×
80@200

300 1000 800 2400 800 1000 300
6000

② ③

C
B

檐檩
井口枋
屋面檩
脊檩
檐檩

屋面结构布置图

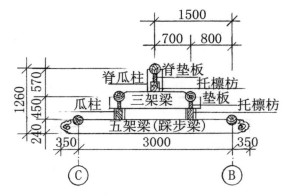

1500
700 800

1260
240 450 570

脊瓜柱
脊垫板
托檩枋
瓜柱
三架梁
垫板
托檩枋
五架梁(踩步梁)
350 3000 350

C B

房架结构大样图

注：

1. 飞椽断面为 80×80，檐椽直径为 φ80，屋面椽排放间距根据扒砖的长度外加 10 为施工缝。

2. 额枋断面尺寸：220×250；平板枋 350×100；三架梁断面 250×350；五架梁（踩步梁）200×240；井口枋断面同额枋，井口枋顶标高同额枋。

3. 异角梁断面 200×240，具体做法参照附图 1。

4. 麻叶斗栱为 0.8 斗口，计 80；坐斗为八、四、八，计 200；上口平面 240×240；底平面 180×180。

5. 异角梁下面斜角梁断面同踩步梁，顶标高同踩步梁。

6. 各檩直径均为 φ80。

7. 垫板均为 40×160；托檩枋均为 80×60。

8. 凡两端相同，仅一边标注。

图 3-2-6

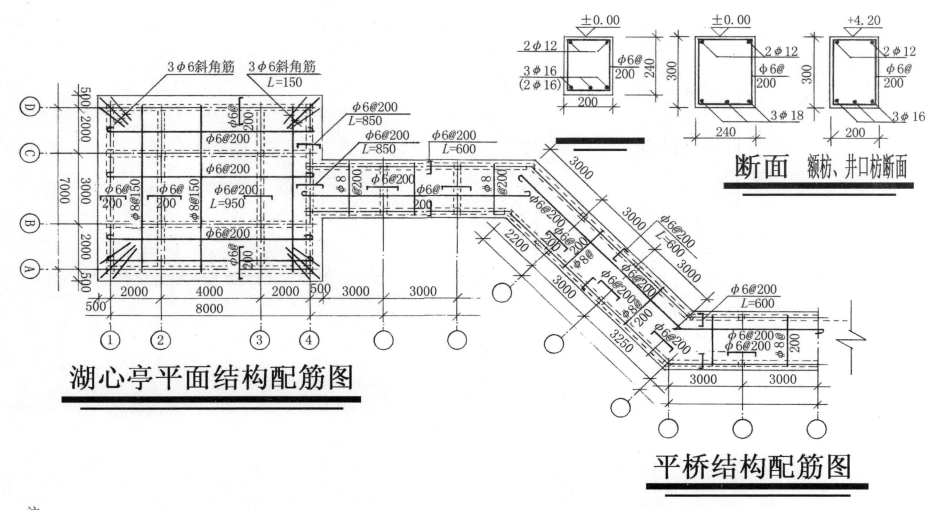

断面 额枋、井口枋断面

湖心亭平面结构配筋图

平桥结构配筋图

注：
1. 湖心亭平台板、平板板厚均为80。
2. 本结构所用钢筋为Ⅰ、Ⅱ级钢，$R_g=2400kg/cm^2$、$R_g=3400kg/cm^2$，钢材的使用均符合国家标准。
3. 钢筋的排放，要严格按照设计要求。
4. 湖心亭四周栏板柱的下端，将地伏凿成方坑，栏板柱直接插入内，然后，用干硬性砂浆强力捣实。
5. 平桥栏杆柱的下端用铁件与下面连接。

图 3-2-7

三　水　榭

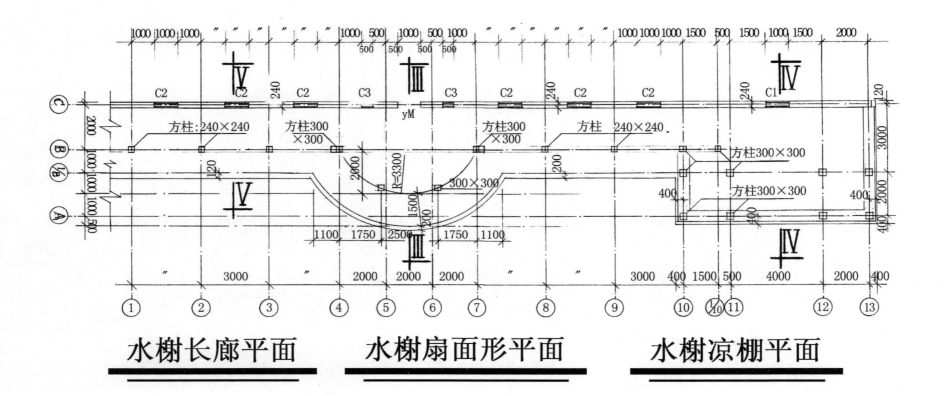

水榭长廊平面　　　水榭扇面形平面　　　水榭凉棚平面

注：

1. 本设计为水榭长廊、扇面形凉亭、卷棚式凉棚，后面±0.00 以下为毛石墙，前面±0.00 以下的柱基、钢筋混凝土柱，均扎根水底的土层中，由水底升至±0.00。

2. ±0.00 以上的建筑物立于平台之上，故称之水榭长廊、扇面亭、凉棚。

3. 该廊、亭、棚的前面设观光平台。为保证游客的人身安全，故在平台上面的外边沿（外围）设青石栏板及木制扶手。

4. 后面（±0.00）地坪之上为透明花格窗。

5. YM 为月亮门（圆门），C1 为扇形窗；C2 为方形花棂窗；C3 花瓶式透孔窗。

6. ①—⑪轴均为悬挑平台，⑩—⑬轴为柱梁平台。

图 3-3-1

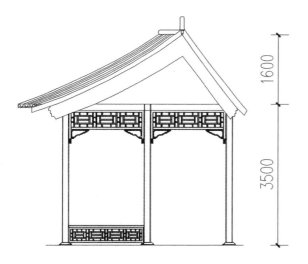

扇面亭侧立面 1:100

扇面亭正立面 1:100

图 3-3-2

129

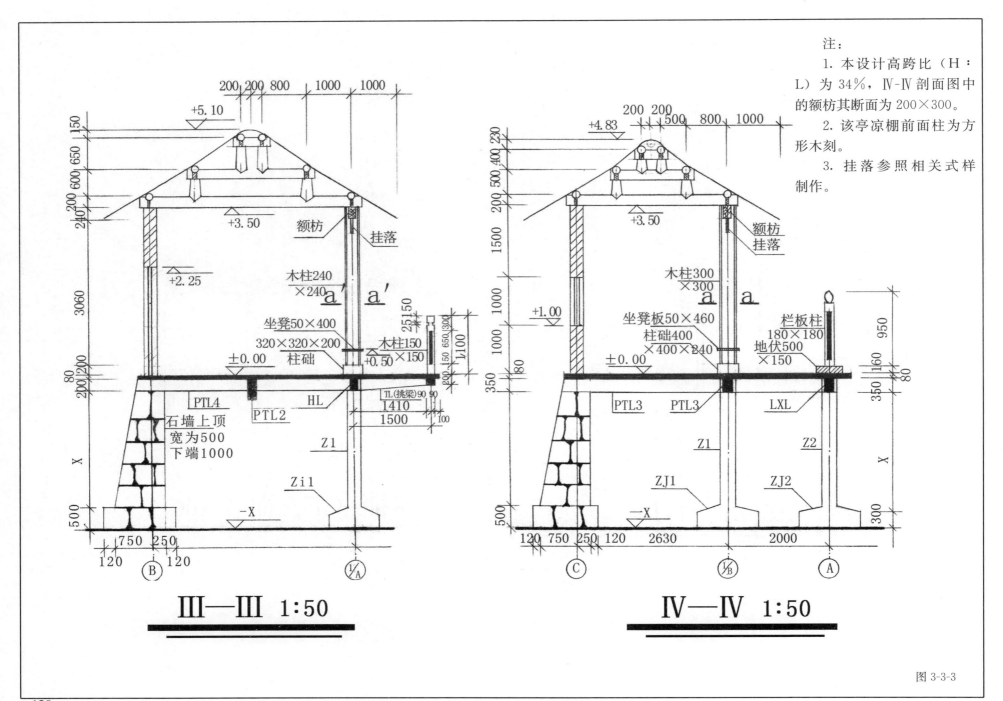

注:

1. 本设计高跨比（H：L）为34%，Ⅳ-Ⅳ剖面图中的额枋其断面为200×300。

2. 该亭凉棚前面柱为方形木刻。

3. 挂落参照相关式样制作。

Ⅲ—Ⅲ 1:50

Ⅳ—Ⅳ 1:50

图 3-3-3

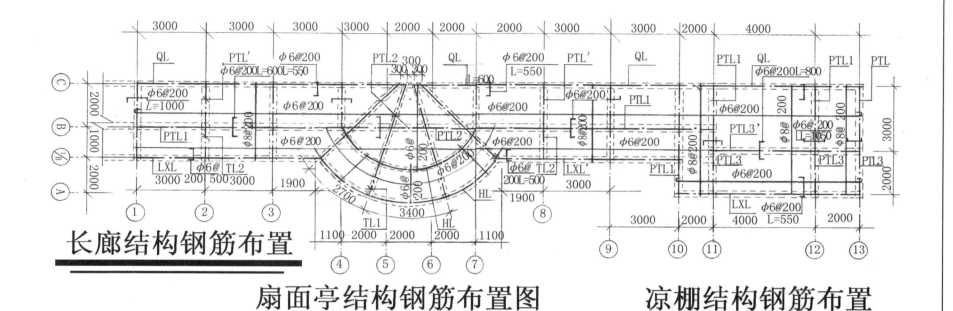

长廊结构钢筋布置

扇面亭结构钢筋布置图

凉棚结构钢筋布置

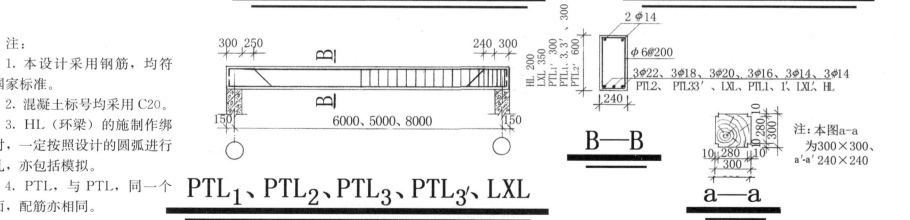

注：

1. 本设计采用钢筋，均符合国家标准。

2. 混凝土标号均采用C20。

3. HL（环梁）的施制作绑轧时，一定按照设计的圆弧进行绑扎，亦包括模拟。

4. PTL₃与PTL₃'同一个断面，配筋亦相同。

PTL₁、PTL₂、PTL₃、PTL₃'、LXL

B—B

a—a

注：本图a-a
为300×300、
a'-a' 240×240

3ϕ22、3ϕ18、3ϕ20、3ϕ16、3ϕ14、3ϕ14
PTL2、PTL33'、LXL、PTL1、1'、LXL'、HL

图 3-3-4

注：

1. 各梁断面尺寸各分别如下：PTL1 为 240×300；PTL200×300；PTL2 为 240×600、PTL3 为 3' 240×350；L×L 为 240×350；L×L' 180×200；HL 为 180×200；QL 为 360×240，内配φ6 箍筋@200。C-C 剖面、Z1、Z2 断面尺寸均为 300×300；Z3 断面为 240×240。

2. C-C 剖面中的柱底板下面垫层为素混凝土 C15。

3. ZJ1、2、3，Z1 混凝土标号均采用 C20。

4. 湖外围砖石墙砌体砂浆标号均采用 50#。

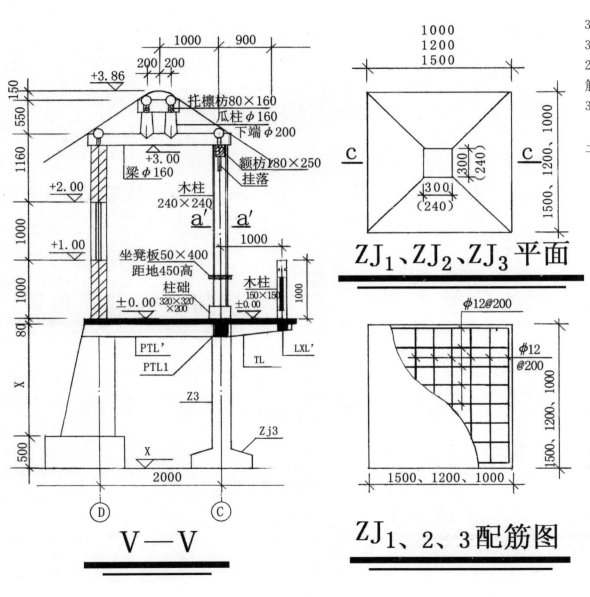

V—V

ZJ₁、ZJ₂、ZJ₃平面

ZJ₁、2、3配筋图

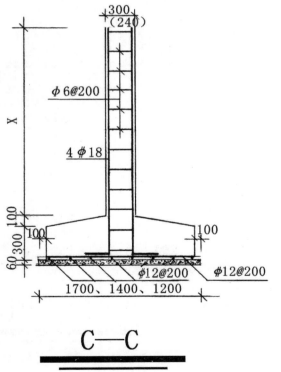

C—C

图 3-3-5

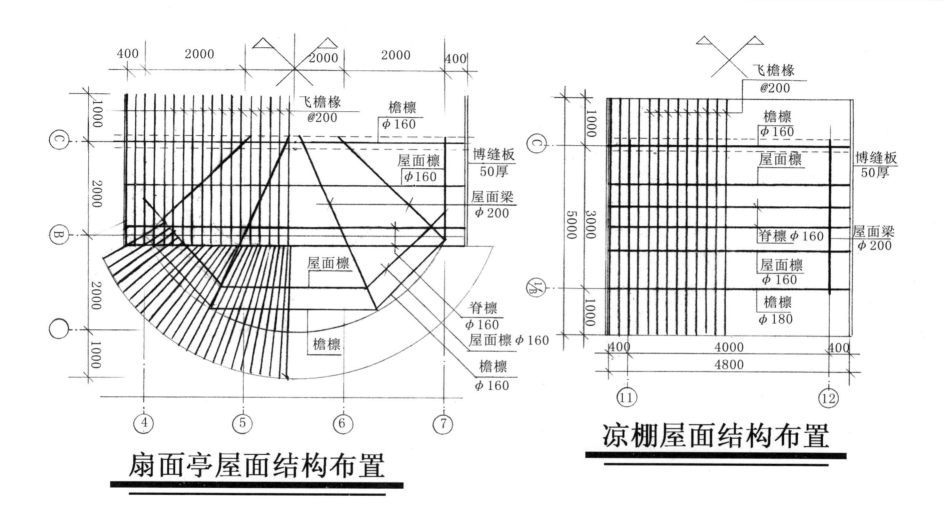

扇面亭屋面结构布置

凉棚屋面结构布置

注:
1. 本结构布置图中使用的飞椽断面为 80×80;檐椽直径为 ϕ80。
2. 屋面椽断面为 80×80,间距根据扒砖的长度外加 10 为施工缝,蝼蝈椽断面为 80×80,间距同屋面。
3. 望板为 25 厚,大小连檐,瓦口按传统做法。

图 3-3-6

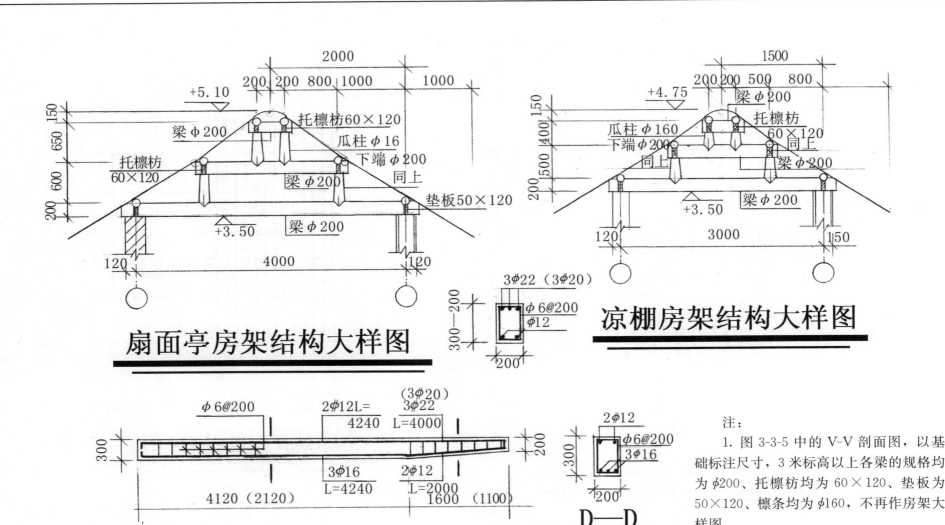

扇面亭房架结构大样图

凉棚房架结构大样图

©～®轴PTL′大样图

TL₁（TL₂）

D—D

注:
1. 图 3-3-5 中的 V-V 剖面图，以基础标注尺寸，3 米标高以上各梁的规格均为 φ200、托檩枋均为 60×120、垫板为 50×120、檩条均为 φ160，不再作房架大样图。

2. 本图两房架大样图中除凉棚前檐檩直径为 φ18 外，其余各檩均为 φ16。

3. PTL1、PTL′（梁、挑梁）混凝土标号采用 C20。

图 3-3-7

四 廊 亭

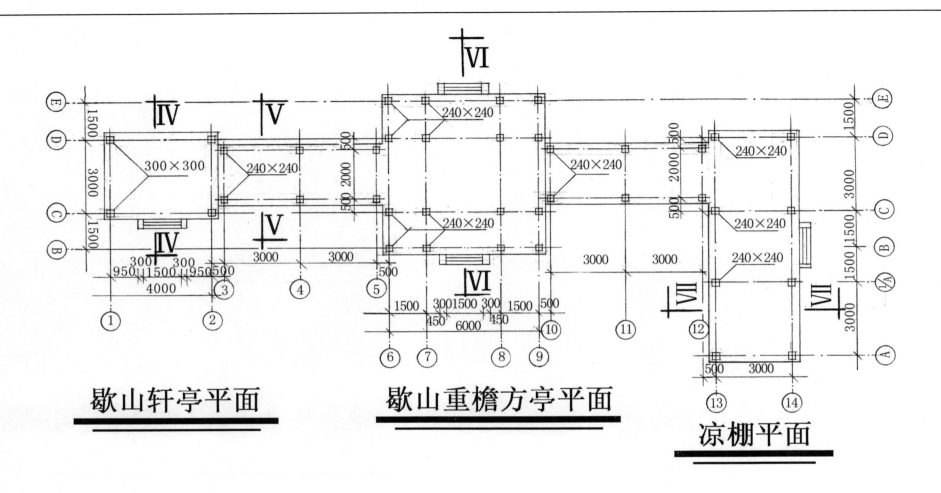

歇山轩亭平面

歇山重檐方亭平面

凉棚平面

注：

1. 本设计为园林建筑工程。该工程共包括四个部分，一、歇山轩亭式建筑；二、长廊；三、歇山重檐十字脊正方亭；四、悬山式凉棚。

2. ②-⑨轴线两侧长廊，本图仅设计为各两间。该长廊的长短根据场地大、小来确定，也可三、五、七、九间不等。

3. 该设计为仿古建筑唐代风格。

4. 该工程为全木结构柱，为正方形。

5. 四周台明石为500宽，120厚，均为青石垛面，清边为20。

6. 该工程不做彩画，油漆为深橘红。

图 3-4-1

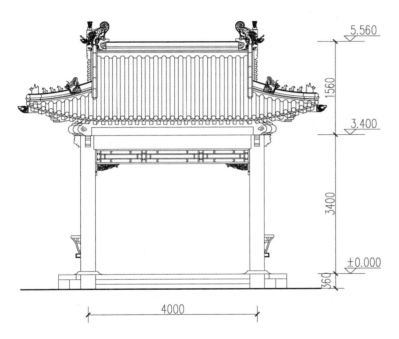

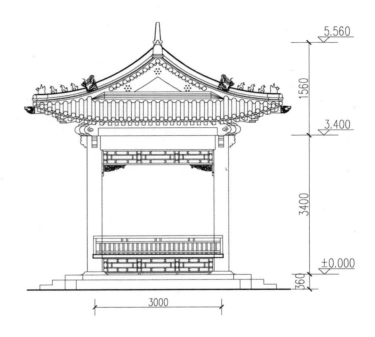

歇山轩亭正立面 1:100

歇山轩亭侧立面 1:100

图 3-4-2

137

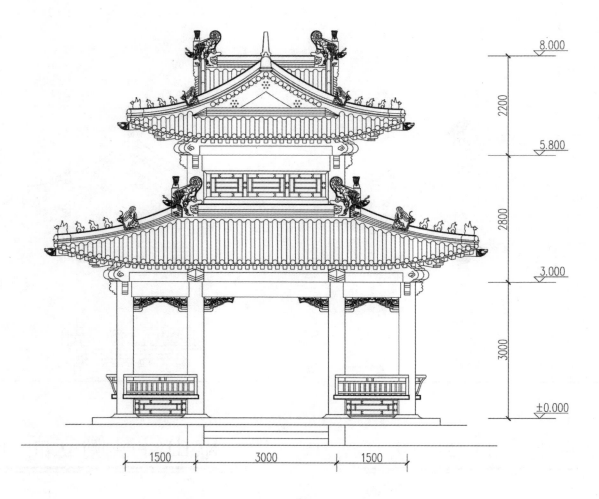

8.000

2200

5.800

2800

3.000

3000

±0.000

1500　　3000　　1500

歇山重檐方亭 1:100

图 3-4-3

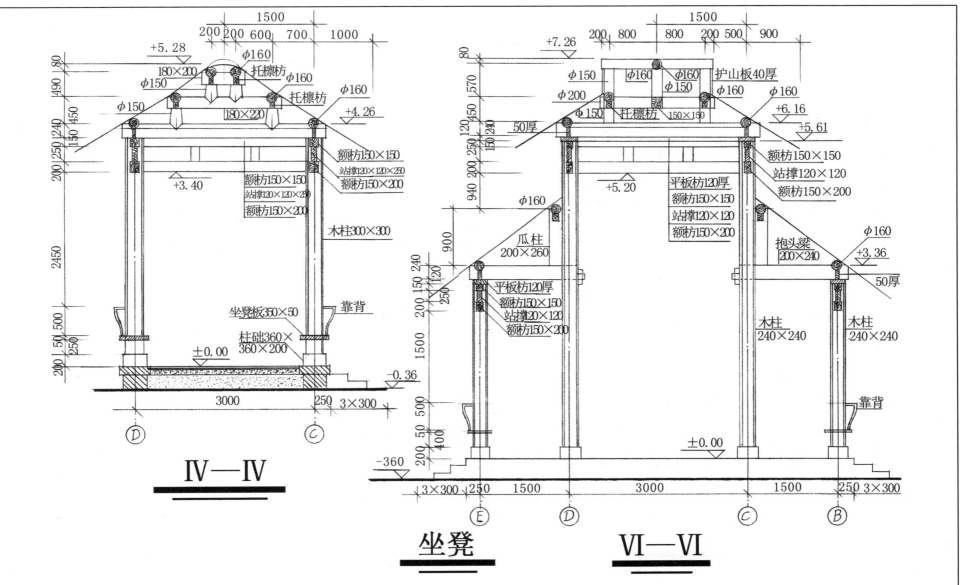

IV—IV

坐凳 VI—VI

注：
1. 本设计图中的站撑（四面）间距为1000。
2. 凡两边相同仅一边标注。

图 3-4-4

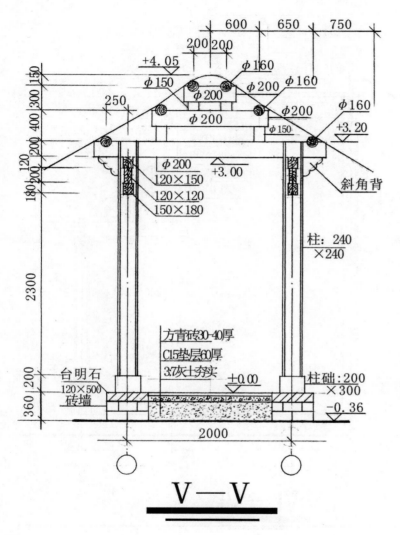

V—V

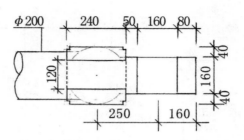

柱头点顶平面

柱头节点示意

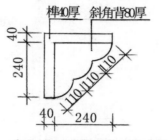

榫40厚　斜角背80厚

斜角撑背大样

注：

1. 本设计第三章轩亭、长廊、重檐方亭、悬山凉棚，在施工操作过程中，柱侧脚按1%。

2. Ⅵ-Ⅵ±0.00以下至－360地面做法均为Ⅳ-Ⅳ、V-V做法。

3. Ⅶ-Ⅶ剖面同Ⅳ-Ⅳ。

4. 第三章各图中所显示的坐凳、靠背具体做法同本设计第二部分第二项图2-2-6。

5. 斜角背（撑）在木柱上凿印、300标高檐檩的下面凿卯，将斜角背（撑）上面40宽的榫头装入卯内。

6. 台明石下面的砖墙同台明石宽，用青砖砌垒白灰勾缝。

7. 柱础采用红色花岗石，四周清边各二公分宽，表面钻雨点。

8. 木柱四角面棱起线不少于10。

图 3-4-5

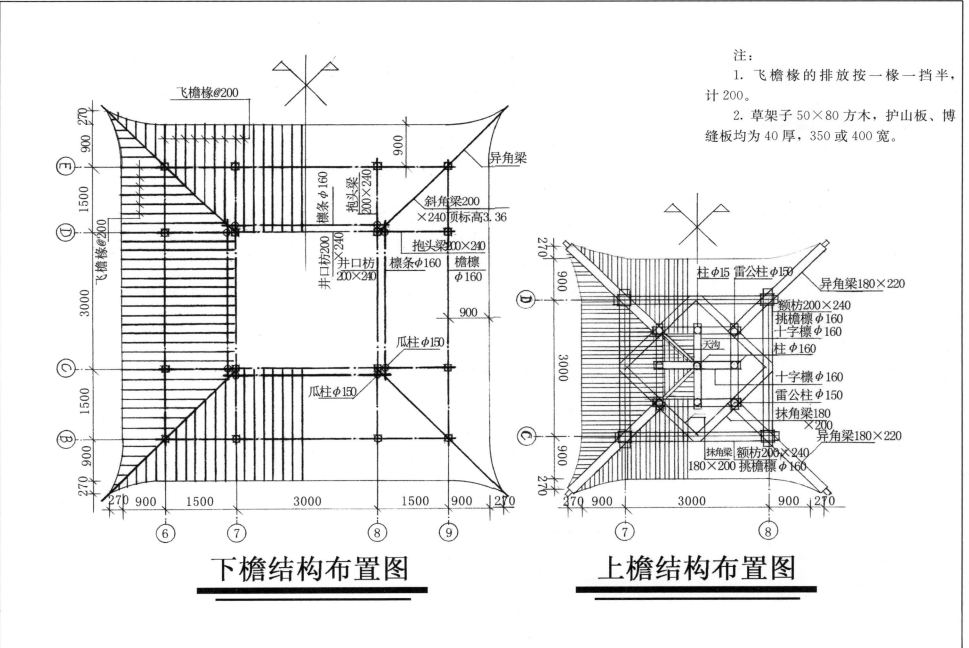

注：

1. 飞檐椽的排放按一椽一挡半，计200。

2. 草架子50×80方木，护山板、博缝板均为40厚，350或400宽。

飞檐椽@200

异角梁

檩条φ160

抱头梁200×240

斜角梁200×240顶标高3.36

飞檐椽@200

井口枋200×240

檩条φ160

抱头梁200×240

檐檩φ160

瓜柱φ150

瓜柱φ150

下檐结构布置图

柱φ15　雷公柱φ150

异角梁180×220

额枋200×240

挑檐檩φ160

十字檩φ160

柱φ160

天沟

十字檩φ160

雷公柱φ150

抹角梁180×200

异角梁180×220

抹角梁180×200

额枋200×240

挑檐檩φ160

上檐结构布置图

图 3-4-6

141

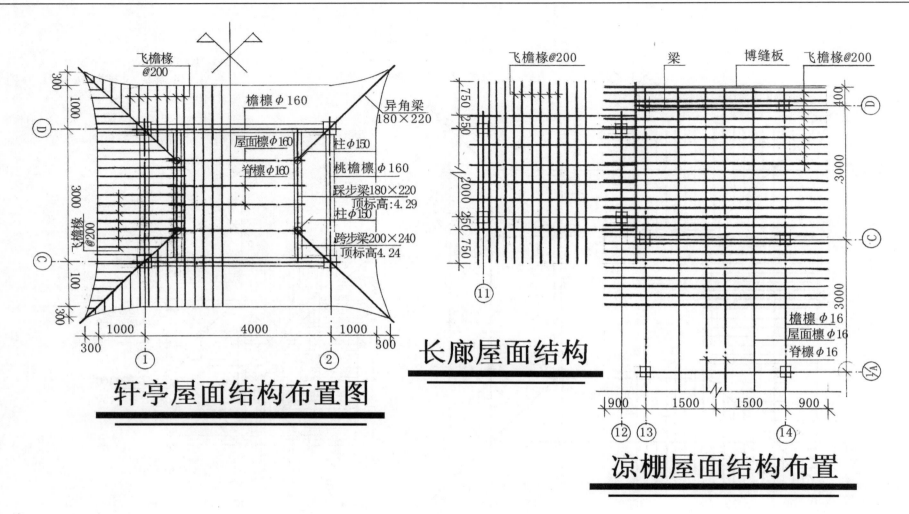

飞檐椽@200

檐檩 φ160

异角梁 180×220

屋面檩 φ160

脊檩 φ160

柱 φ150

桃檐檩 φ160

踩步梁180×220 顶标高:4.29

柱 φ150

跨步梁200×240 顶标高4.24

300
1000
3000
100
300

1000 4000 1000

300 ① ② 300

轩亭屋面结构布置图

飞檐椽@200

750
250
2000
250
750

⑪

长廊屋面结构

梁

博缝板

飞檐椽@200

400
3000
3000

D

C

A

檐檩 φ16

屋面檩 φ16

脊檩 φ16

900 1500 1500 900

⑫ ⑬ ⑭

凉棚屋面结构布置

注:

1. 飞檐椽的材料使用规格,飞椽为 80×80,檐椽为 φ80。

2. 屋面椽的排放间距,根据扒砖的长度外加 10 为施工缝。

3. 异角梁—仔角为 180×180、老角为 180×220,前头适当留榫为便于安套兽。

4. 凉棚的两端山头为悬山结构,其博缝板的宽度一般为 2～3 个檩径,计 350、450。

5. 该项目的油漆做法,参数《中国建筑修缮技术》相应做法。

图 3-4-7

五 四 合 院

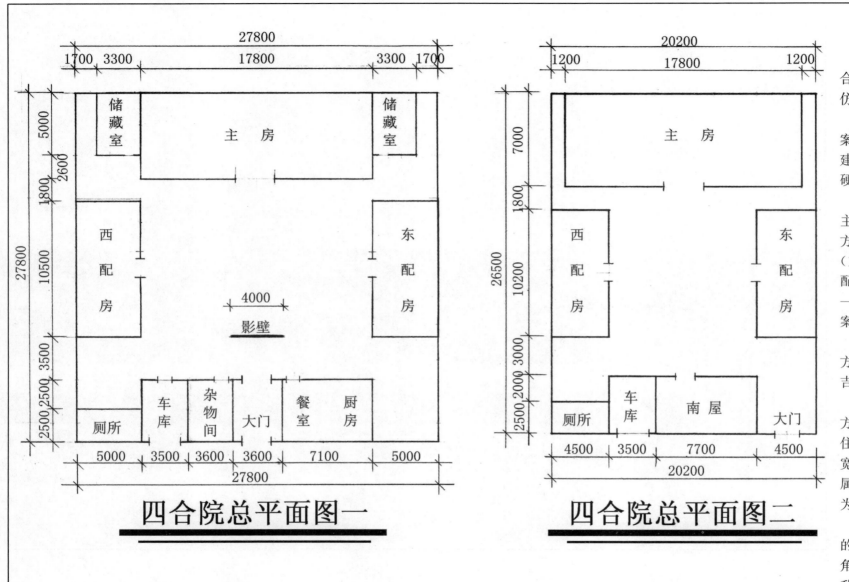

四合院总平面图一

四合院总平面图二

图一标注：

27800
1700　3300　　　17800　　　3300　1700

储藏室　　　主　房　　　储藏室

西配房　　　　　　　　　东配房

4000

影壁

厕所　车库　杂物间　大门　餐室　厨房

5000　3500　3600　3600　7100　5000
27800

5000　2600　1800　10500　3500　2500　2500
27800

图二标注：

20200
1200　　　17800　　　1200

主　房

西配房　　　　　　东配房

厕所　车库　南屋　大门

4500　3500　7700　4500
20200

7000　1800　10200　3000　2500　2000　2500
26500

注：

1. 该设计为四合院，建筑形式为仿古式建筑。

2. 两种设计方案主房均为大厅。建造形式均为大式硬山建筑做法。

3. 方案一为坎主离门（正南门），方案二为坎主巽门（东南门），东、西配房各三间。方案一，南屋五间；方案二，南屋三间。

4. 方案一为正方形，为吉宅中的吉宅属上等宅。

5. 方案二为长方形，属于吉宅，住宅最忌讳的是前宽厚窄形似棺材，属凶宅，后宽前窄为吉宅。

6. 这两个方案的厕所均设在西南角，注意千万不能乱设，且忌蹲北朝南方向为凶。

图 3-5-1

图 3-5-2

145

图 3-5-3

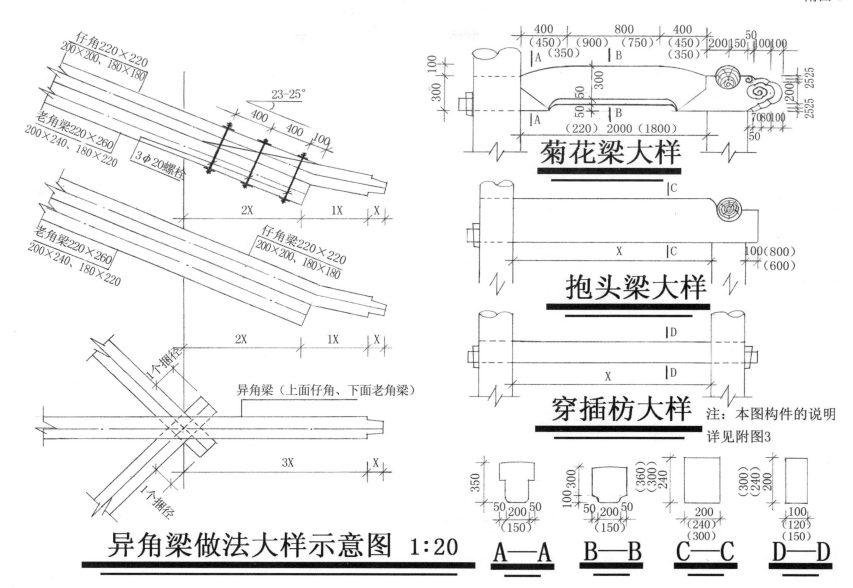

仔角220×220
200×200、180×180

老角梁220×260
200×240、180×220

23-25°

400 400 100

3φ20螺栓

2X 1X X

老角梁220×260
200×240、180×220

仔角梁220×220
200×200、180×180

2X 1X X

1个拍径

异角梁（上面仔角、下面老角梁）

3X X

1个拍径

异角梁做法大样示意图 1:20

菊花梁大样

400 800 400 50
(450) (900) (750) (450) 200 150 100 100
(350)   (350)

300 100

300

A   B

50 300
50

A   B

50 50

220 2000 (1800)

70 80 100

50

25 25

200
25 25

菊花梁大样

C

X   C

100 (800)
(600)

抱头梁大样

D

X   D

穿插枋大样

注：本图构件的说明
详见附图3

350

50 200 50
(150)

A—A

100 300

50 200 50
(150)

B—B

(360)
(300)
240

200
(240)
(300)

C—C

(300)
(240)
200

100
(120)
(150)

D—D

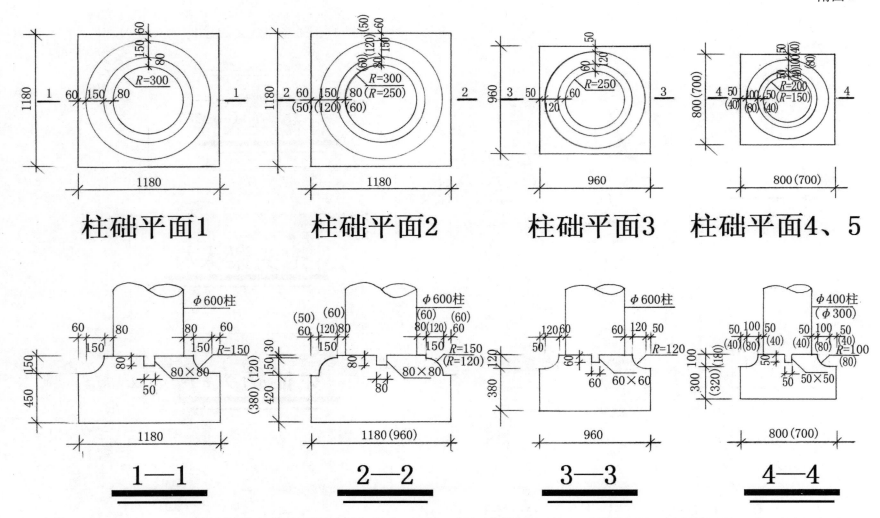

柱础平面1　　柱础平面2　　柱础平面3　　柱础平面4、5

1—1　　2—2　　3—3　　4—4

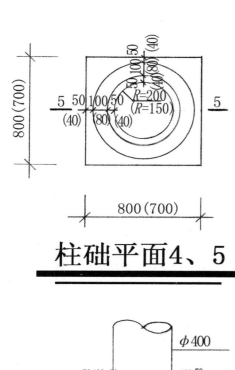

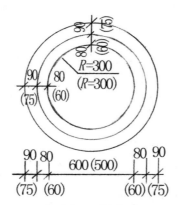

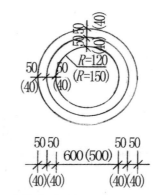

柱础平面4、5

石鼓平面1

石鼓平面2

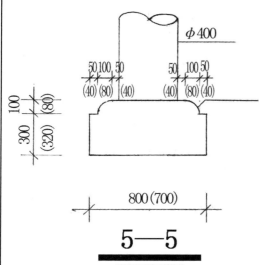

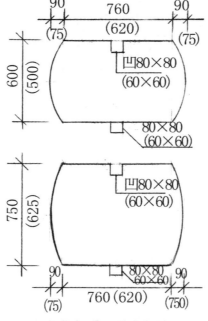

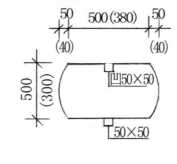

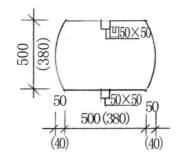

5—5

石鼓大样图1

石鼓大样图2

注：

1. 附图1中的异角梁，为做法大样示意图。该大样图是根建筑物的规模大小采用。

2. 抱头梁的前头为菊花头式样，故称为月梁，亦称菊花梁。该梁为异形梁，前头与柱径同宽部分的厚度一般为200，柱径之外长为350部分（前头），厚缩至为150。

3. 附图1中凡注"X"字样的标注均为未知尺寸数字。

4. 凡括号中标注的数字大小长短尺寸其大样不变，是根据柱径的大小之参考数据。

5. 一般梁的断面尺寸比例为1:1.2，枋的断面尺寸为1:2。

6. 异角梁的做法，在施工过程中，加1:1.4的斜长，也就是通常说的方五斜七，另外再加坡长，为异角梁的实际长度。

7. 附图2、附图3中的柱础、石鼓大样图是柱径大、小面确定的，并包括括号中的数字。石作的做法严格按传统工艺。

注：

古建筑大屋顶房架结构的计算规则及一般要求与规定：

1. 一般规定：通俗地讲，进深面阔定柱高，柱高定柱径。柱径的大小有两种：

① 按宋代规定，柱径的大小是按柱高的 1/12 定柱径，比如说，一般来讲，按古建筑的要求以明间（最中间），5 米开间，柱高为 5 米，柱径为柱高的 1/12 即（5000÷12＝400）$d＝400（\phi400）$。

② 按清代规定：柱径的大小为柱高的 1/10，如柱高5000，（5000÷12＝500），即柱径为 $d＝500（\phi500）$。

2. 出椽长度：通俗讲，柱高一尺出檐三寸，亦就是说，柱高三尺，出檐九寸（3000×0.3＝900）；柱高五尺出檐一尺五寸（5000×0.3＝1500）；如柱高六、七、八尺，出檐长度以此类推。总的来讲，以面阔来确定柱的高度。

3. 大屋顶房架结构的计算规则

① 按宋代（宋《营造法式》）的规则计算，例如：进深12000，柱高 600，出椽 1800；施七斜栱外出 900（以柱中心线算起），如图例 1。

② 按清代清工部《工程做法则例》举折的规则计算，进深亦按 12000 宽计算，柱高为 6000，出椽为 6000×0.3＝1800，七斜栱外出 900（柱中心线算起），如图例 2。

③ 按 8000 宽计算，柱高 4000，出椽 1200，不施斗栱，如图例 3。

4. 本图对房架结构，按照宋、清两代的营照规则作了详细的计算方式供广大读者学习与参考。

5. 宋、清两代的规则计算基本上相同，差异不大，按古建筑这种计算称为举架、折。按现代称之为高、跨（宽）比 $H：L$。

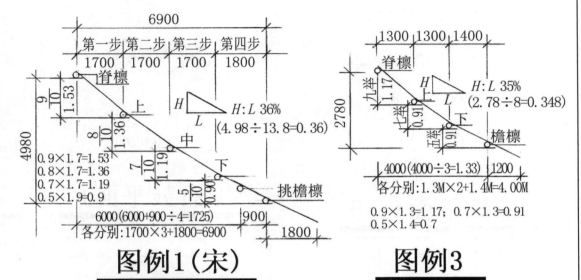

图例1（宋）

图例3

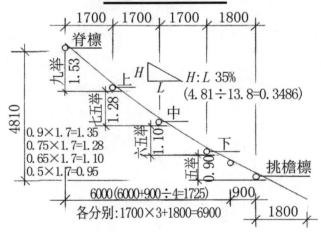

图例2（清）

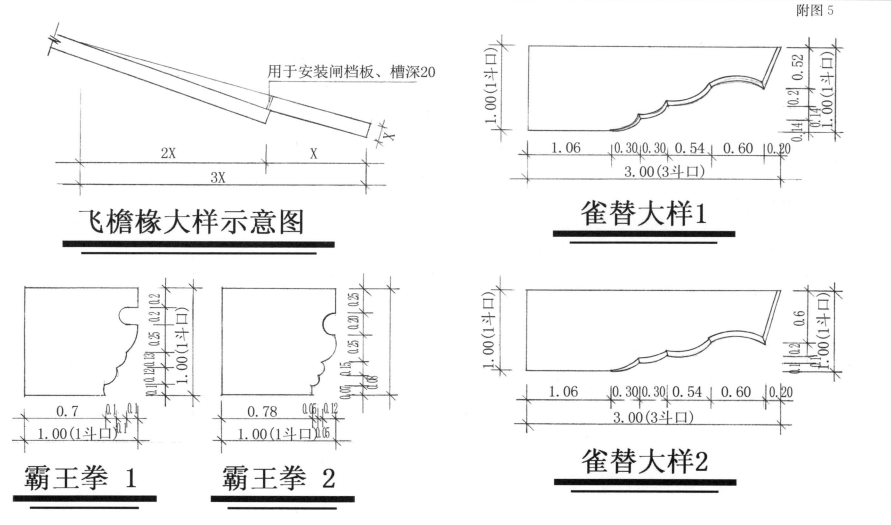

飞檐椽大样示意图

用于安装闸档板、槽深20

雀替大样1

霸王拳 1

霸王拳 2

雀替大样2

注：
1. 霸王拳的断面为平板枋下面的额枋，外出长度从柱外皮往外出，同额枋的高度。如额枋高为240，霸王拳从柱外皮外出为240，其厚同额枋（断面相同）。
2. 雀替的长、宽、厚的计算规则如下：雀替的长按房屋开间的 1/3 计算，比如：[（3600÷3）÷2]一半个柱径＝120÷2＝600－150（半个柱径）＝450。雀替的全长为450。
3. 雀替宽长的 1/3；450÷3＝150，为雀替的实际宽度。
4. 雀替的厚度一般为宽的 40%～45% 为宜，150×0.4＝60，其厚为60。
5. 不论开间大小皆按这个规则计算，以此类推。
6. 雀替的后尾一般留 1 斗口，左右供留置部分，用于安装正心瓜栱。其栱长从柱外皮出，长不得超过 0.8 斗口。
7. 雀替后尾外加 30×30 榫头，安装时直接装入柱内（其榫不包括 3 斗口之内）。

第四章　斗　　栱

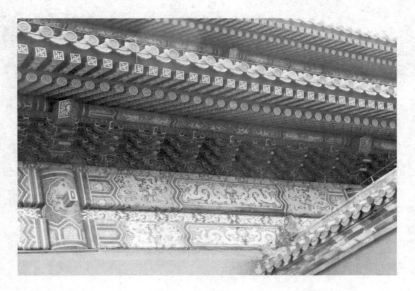

斗　栱

一、斗栱是古建筑梁架结构中的一个重要组成部分，是结构完善制作精细的结构构件，亦是古建筑特有的一项技术成就。斗栱的作用，它是用来承托梁枋支撑屋檐的结构构件，还起到衬托和美观的装饰效果。

二、斗栱有各种不同大、小构件组装而成。从外形上看重重叠叠，结构严谨，颇为复杂，非常奥妙。斗栱使范围之多，如殿堂、庙宇、楼阁、凉亭等。尤其是大型建筑，对施用斗栱非常重视，在古代官方上比较讲究，在大型的建筑方面，特别是在官方建筑上，对斗栱使用的层次非常明显。例如，中国各地古都的金銮宝殿与各大王府的殿堂，使用的踩数层次上就有明显的区分而截然不同。

三、对于斗栱的名称，宋、清两代的名称叫法，各有不一。宋代的斗栱名称叫作"铺作"，柱头上的叫作"柱头铺作"，柱与柱之间的叫作"补间铺作"，转角的叫作"转角铺作"；清代的斗栱：柱头上的叫作"柱头科"，柱与柱之间的叫作"平身科"，转角部分叫作"角科"。

四、根据宋《营造法式》和清工部《工程做法则例》等有关资料，斗栱的标注单位各有不同。宋代的标注单位以尺度——尺、寸、分、为单位；清代以斗口为单位。凡从事仿古建筑技术、工作人员乃一目了然。而从事现代建筑的广大施工工作技术人员，对古建筑则不大了解，如同隔着一层厚纸，看不出古建筑结构中的奥妙。如站在使用斗栱建筑的殿堂、庙宇下面，仰目视之却眼花缭乱，更是看不出它的结构之艺术奥妙。

五、斗栱使用一般要求：斗栱有大小之分，斗口的大小是根据建筑的建造体积、规模大小来确定。目前，通常仿古建筑所使用的一般常见斗栱，宋代以六分、八分、十分、十二分不等；清代以 0.6、0.8、1、1.2、1.5 等为一个斗口，即 60 毫米、80 毫米、100 毫米、120 毫米、150 毫米。

1. 柱头科，柱头以上至挑尖梁以下部分的斗栱，斗栱中的各昂，从下往上将昂逐步增宽，其厚不变。而每根昂加宽的尺寸，上下要协调。如某建筑物，使用七踩斗栱，三踩不变，五踩斗栱之昂由原来的宽 100 毫米（1 斗口）增加为 150 毫米（1.5 斗口）；七踩斗栱之昂宽，增加为 200 毫米（2 斗口），上面的挑尖梁前头一般宽为 250 毫米，就按这个理念从下往上逐步增大。

2. 角科，对转角部分所使用之斗栱，为 45 度加正角。也就是说，从下往上至异角梁下面的蚂蚱头（耍头），在转角部分出挑斜角昂。斜角昂按各踩斗栱之昂长，再加 45 度斜、坡长，即得出各踩斜昂的全长或以现场放大样为准。

六、古建筑斗栱，大致分为：溜金、猪嘴、如意、蜂窝等斗栱。本图集中设计的斗栱，按照传统的斗栱式样，主要是对斗栱中的昂身、昂头作了修饰，其各斗、栱的尺寸、形状不变。

七、由于各时代的变迁，对于斗栱的制作做法及各地区的民族风格，在制作的手法上亦有所不同，故在第四章斗栱图集的后面附设了几张不同昂身、不同昂头的示意图。

八、斗栱使用的一般规定和要求：按照宋《营造法》和清工部《工程做法则例》的具体要求，每朵斗栱的使用间距，为十一斗口（1.1 米）为宜，一般最大不超过十二至十三斗口（1.2~1.3 米），最小不小于十斗口（1 米）。具体每间所使用的朵数，从理论上讲，是以斗口来确定其进深面阔的几何尺寸。如三十斗口、四十斗口、五十斗口，即分别为 3 米、4 米、5 米。对进深、面阔的设计布局，依据斗口来确定其几何尺寸大小。

九、斗栱有三踩、五踩、七踩、九踩。对于斗栱的使用，在古代官方上有具体规定和要求，大型皇家宫殿，为一等建筑可使用九踩斗栱；二等建筑最多为七踩斗栱。对于斗栱使用的数量，根据官方的级别大小以及建筑物的规模大小来确定。一般单檐建筑使用三踩、五踩，重檐建筑一般下檐使用为三踩，上檐为五踩。皇家大型重檐宫殿，一般下檐为七踩；上檐为九踩，为一等庑殿建筑；二等歇山建筑，下檐一般施五踩，上檐施七踩斗栱。

十、宋、清两代的结构构件所使用之名称，却大不相同，下面将斗栱部分构件名称，对照如下：

宋代：	飞椽、檐椽：撩檐枋、罗汉枋、柱头枋、栌斗、散斗、交互斗、耍头、华栱、泥道栱
清代：	飞椽、檐椽、挑檐枋、外拽枋、正心枋、大斗、十八斗、三才升、蚂蚱头、翘栱、正心瓜栱

宋代：	令栱	慢栱	瓜子栱	阑额	普柏枋	铺作——柱头铺作	补间铺作	转角铺作
清代：	箱栱	正心万栱	外拽瓜栱	额枋	平板枋	斗栱——柱头科	平身科	角科

宋、清两代的结构构件之名称，皆不相同，本页仅举部分构件名称进行对照。

对于檩、槫、桁三字是同一构件，不过对于同一种构件名称，各有不同叫法和不同名称。

一　三踩斗栱

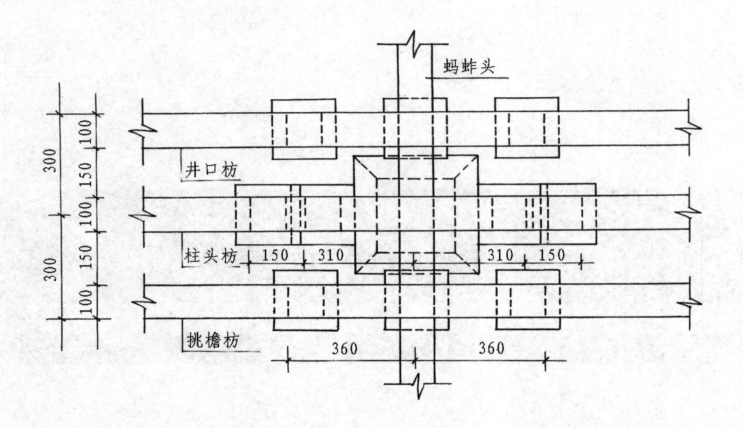

蚂蚱头

井口枋

柱头枋

挑檐枋

平身科三踩结构平面图 1:10

图 4-1-1

158

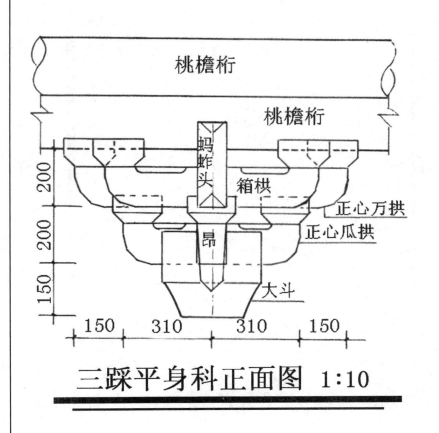

桃檐桁

桃檐桁

蚂蚱头

箱棋

正心万拱

昂

正心瓜拱

大斗

200

200

200

150

150 310 310 150

三踩平身科正面图 1:10

图 4-1-2

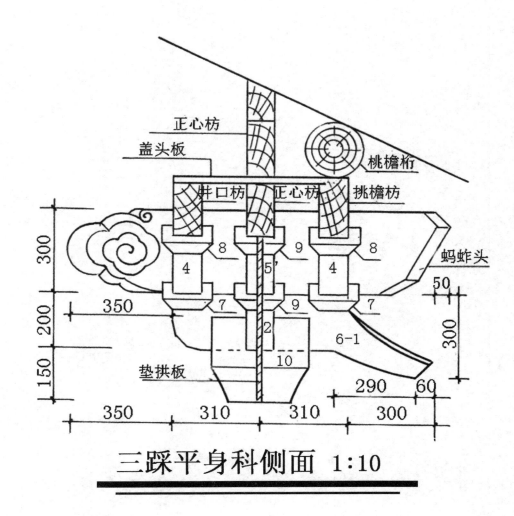

正心枋

盖头板

井口枋

正心枋

挑檐枋

桃檐桁

蚂蚱头

垫拱板

300

300

200

150

350

4

8

5′

9

4

8

7

9

7

2

6-1

10

50

300

350 310 310 290 60

300

三踩平身科侧面 1:10

图 4-1-3

159

二　五踩斗栱

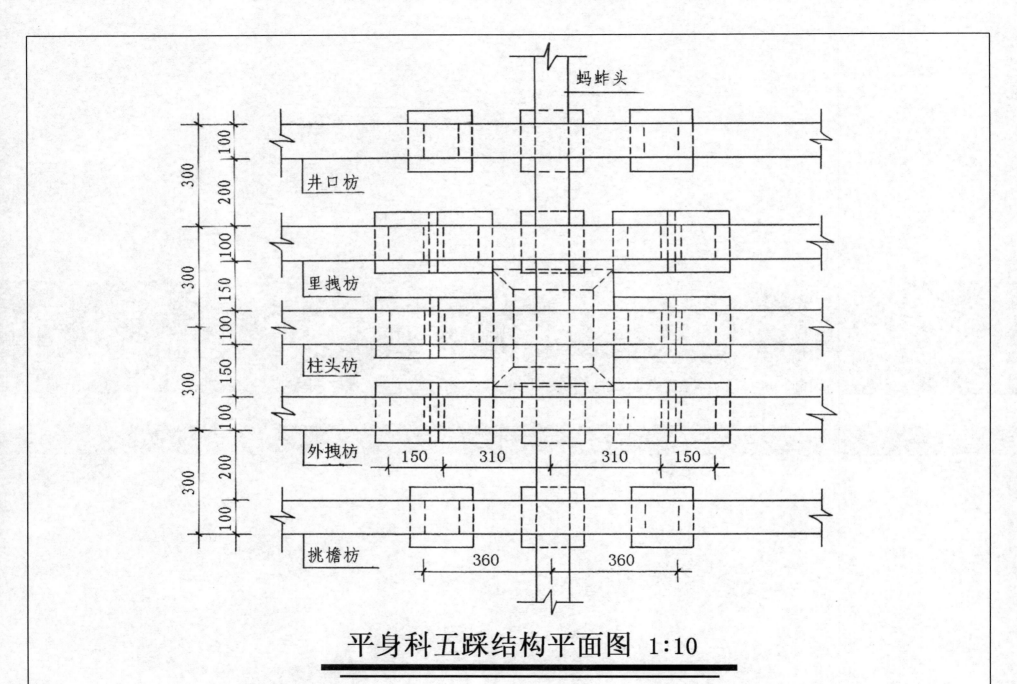

蚂蚱头

井口枋

里拽枋

柱头枋

外拽枋

挑檐枋

300 100
200
300 100
150
300 100
150
300 100
200
100

150 310 310 150

360 360

平身科五踩结构平面图 1:10

图 4-2-1

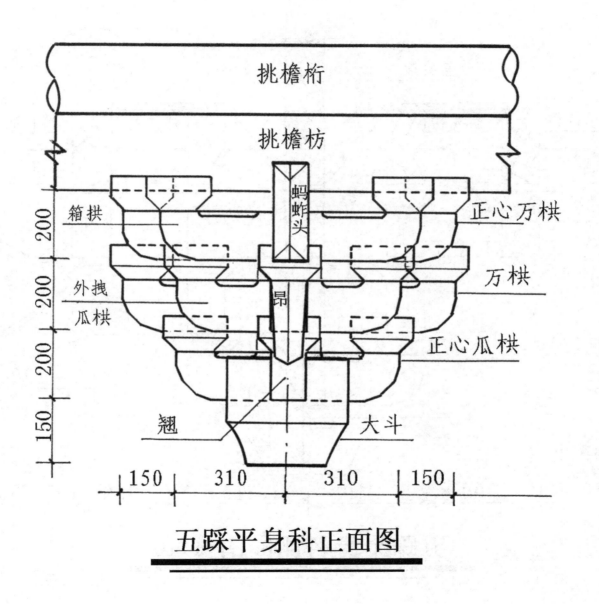

挑檐桁

挑檐枋

蚂蚱头

箱拱

正心万栱

200

外拽瓜栱

200

万栱

昂

200

正心瓜栱

150

翘

大斗

| 150 | 310 | 310 | 150 |

五踩平身科正面图

图 4-2-2

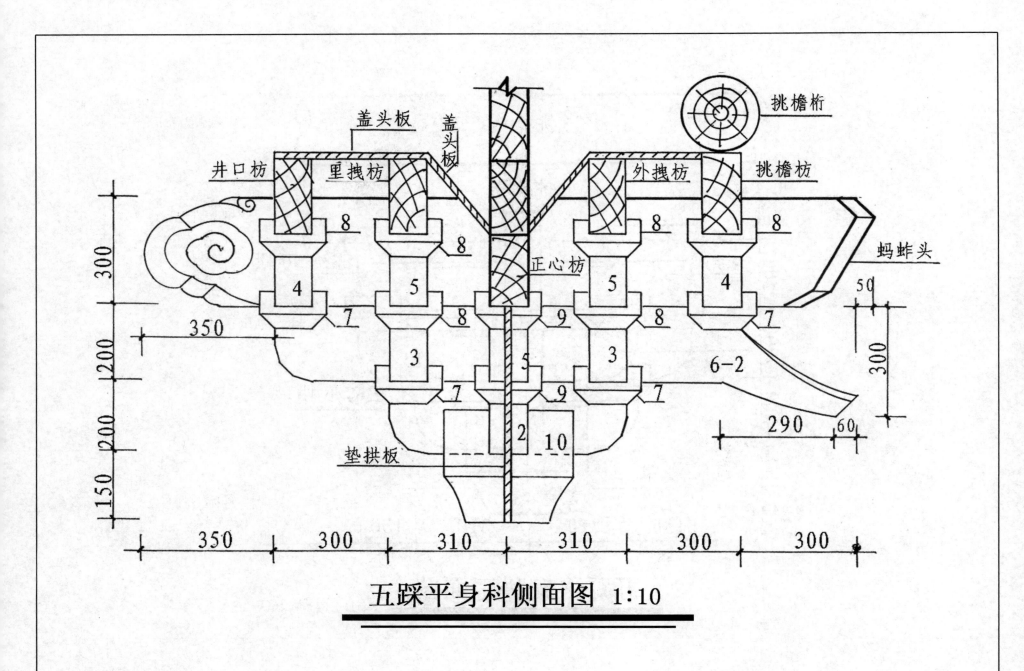

五踩平身科侧面图 1:10

图 4-2-3

164

三　七踩斗栱

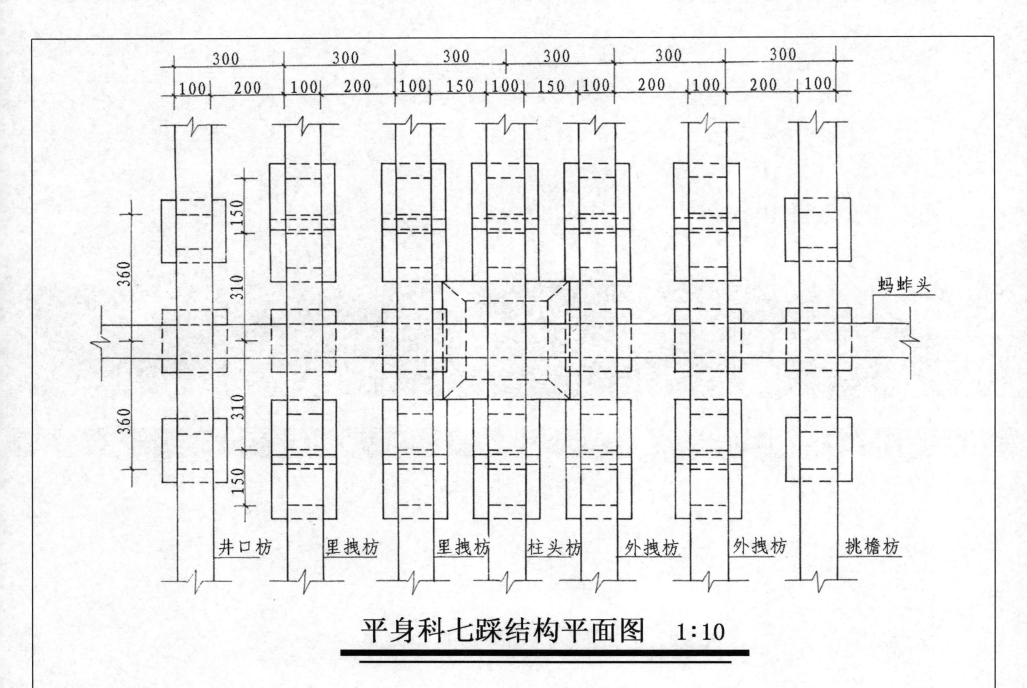

300　　300　　300　　300　　300　　300

100 200 100 200 100 150 100 150 100 200 100 200 100

150

360 310

蚂蚱头

310

360 150

井口枋　　里拽枋　　里拽枋　　柱头枋　　外拽枋　　外拽枋　　挑檐枋

平身科七踩结构平面图　　1:10

图 4-3-1

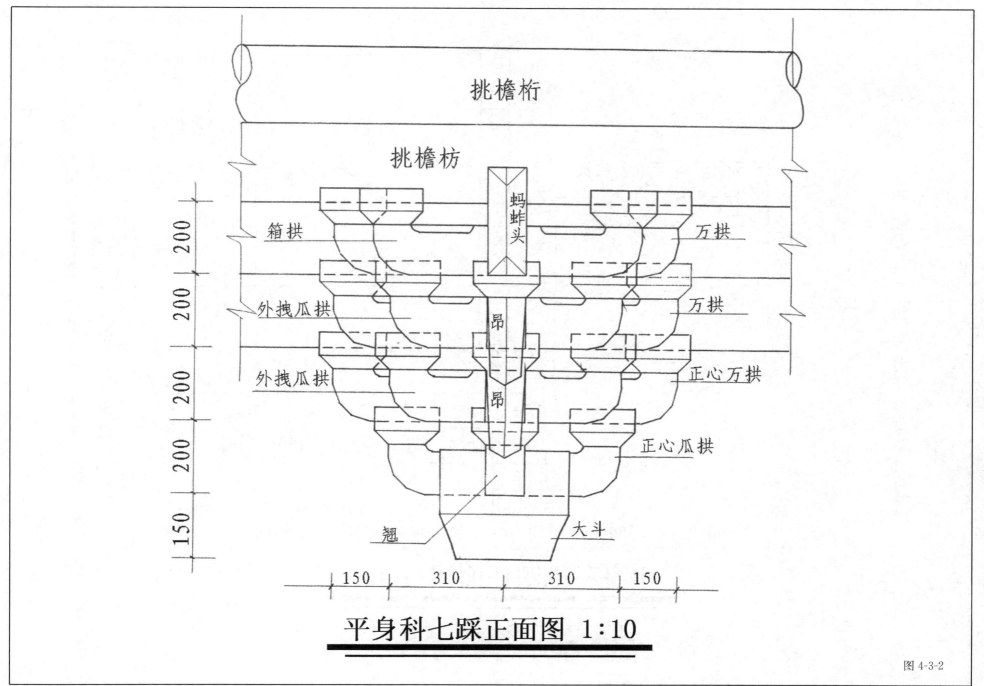

挑檐桁

挑檐枋

蚂蚱头

箱拱　　　　　　　　　万拱

外拽瓜拱　　　　　　　万拱

外拽瓜拱　　　　　　　正心万拱

昂

昂

正心瓜拱

翘　　　　　　大斗

200
200
200
200
200
150

150　310　310　150

平身科七踩正面图 1:10

图 4-3-2

167

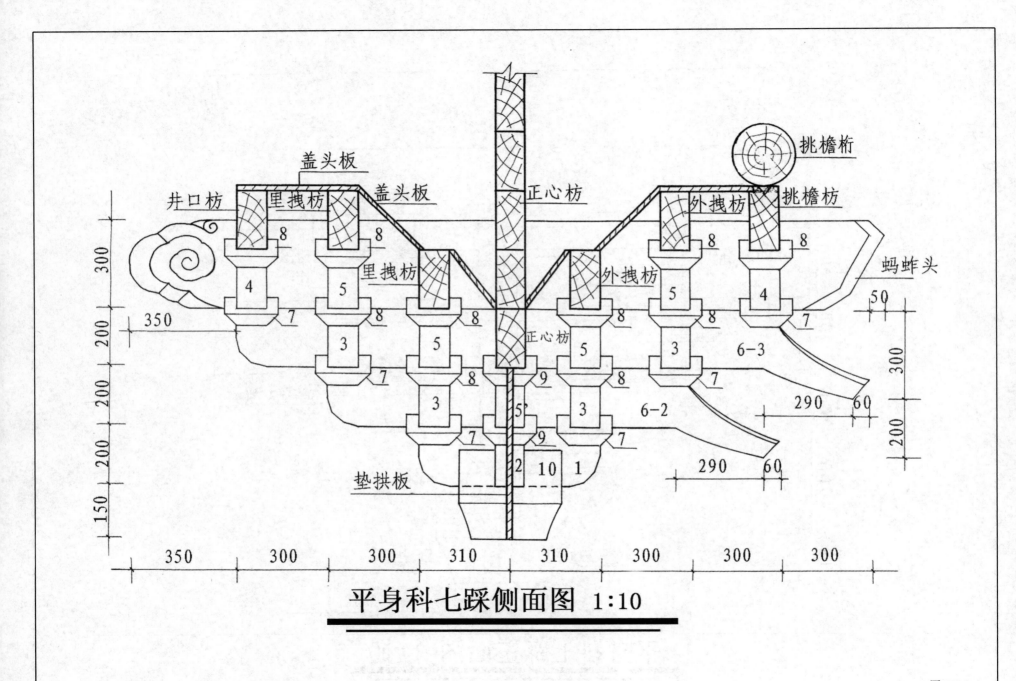

井口枋　盖头板　里拽枋　盖头板　挑檐桁　正心枋　外拽枋　挑檐枋　蚂蚱头　里拽枋　外拽枋　正心枋　垫拱板

平身科七踩侧面图　1:10

图 4-3-3

168

四　九踩斗栱

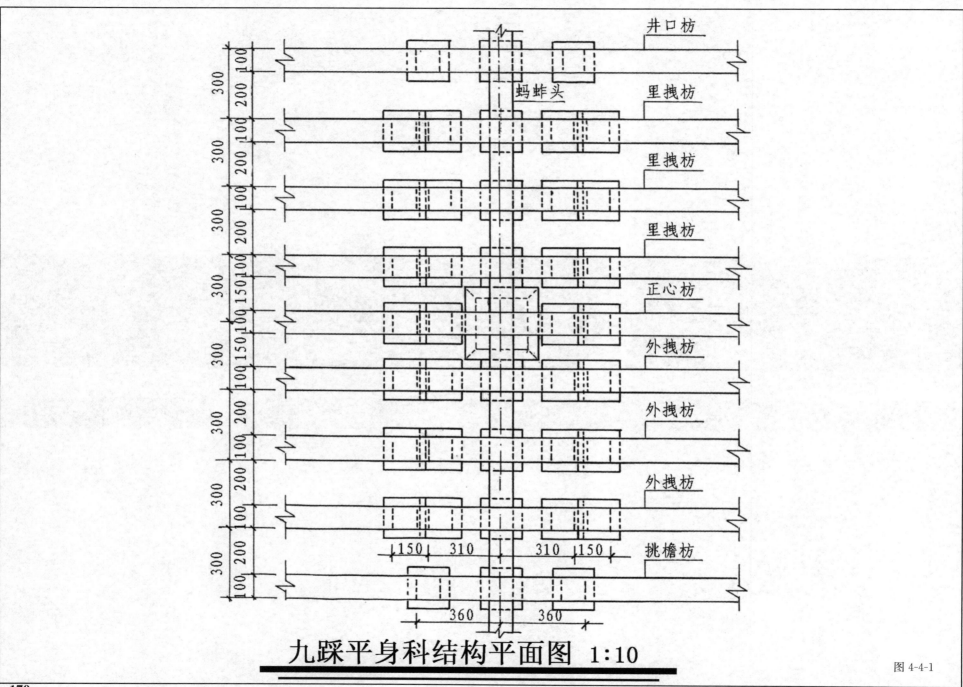

井口枋

蚂蚱头

里拽枋

里拽枋

里拽枋

正心枋

外拽枋

外拽枋

外拽枋

挑檐枋

九踩平身科结构平面图 1:10

图 4-4-1

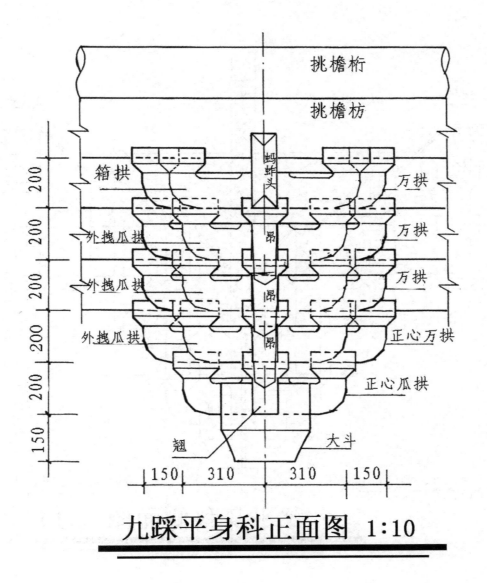

挑檐桁

挑檐枋

箱拱

外拽瓜拱

外拽瓜拱

外拽瓜拱

蚂蚱头

昂

昂

昂

万拱

万拱

万拱

正心万拱

正心瓜拱

翘

大斗

200
200
200
200
200
200
150

150 310 310 150

九踩平身科正面图 1:10

图 4-4-2

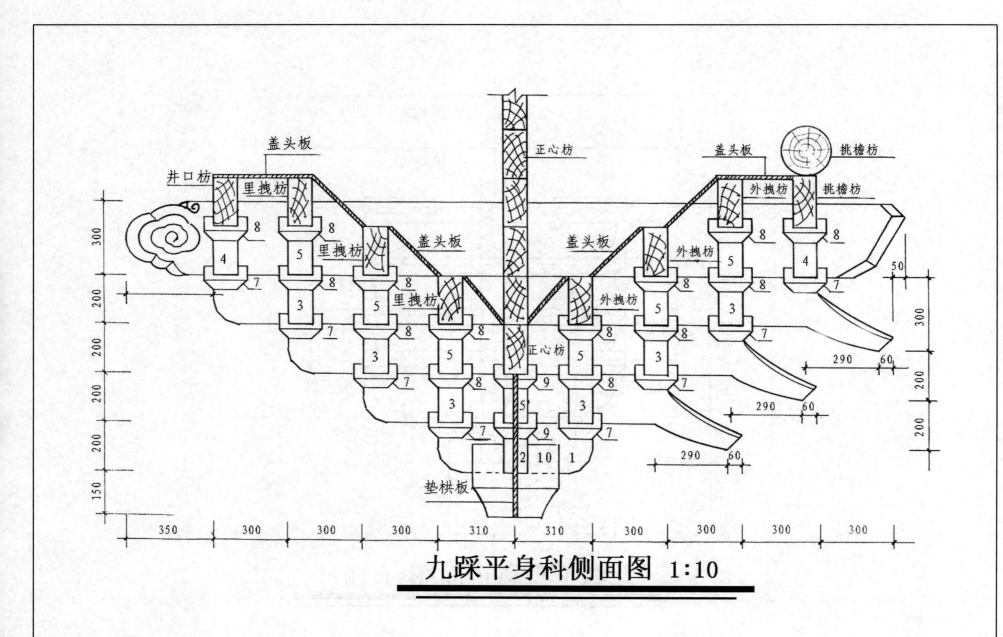

盖头板

正心枋

盖头板

挑檐枋

井口枋

里拽枋

盖头板

盖头板

外拽枋

挑檐枋

里拽枋

里拽枋

外拽枋

正心枋

外拽枋

垫栱板

九踩平身科侧面图 1:10

图 4-4-3

172

五　斗栱构件详图

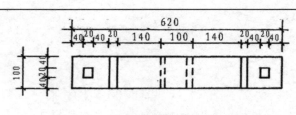

1.翘棋上平面

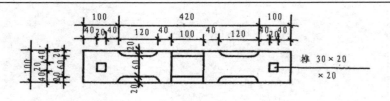

3.里外拽瓜棋上平面

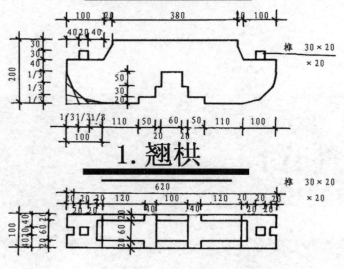

1.翘棋

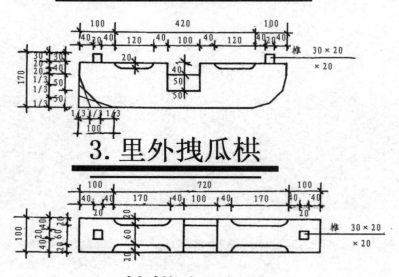

3.里外拽瓜棋

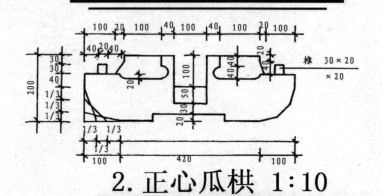

2.正心瓜棋上平面

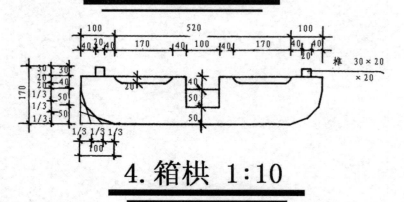

4.箱棋上平面

2.正心瓜棋 1:10

4.箱棋 1:10

图 4-5-1

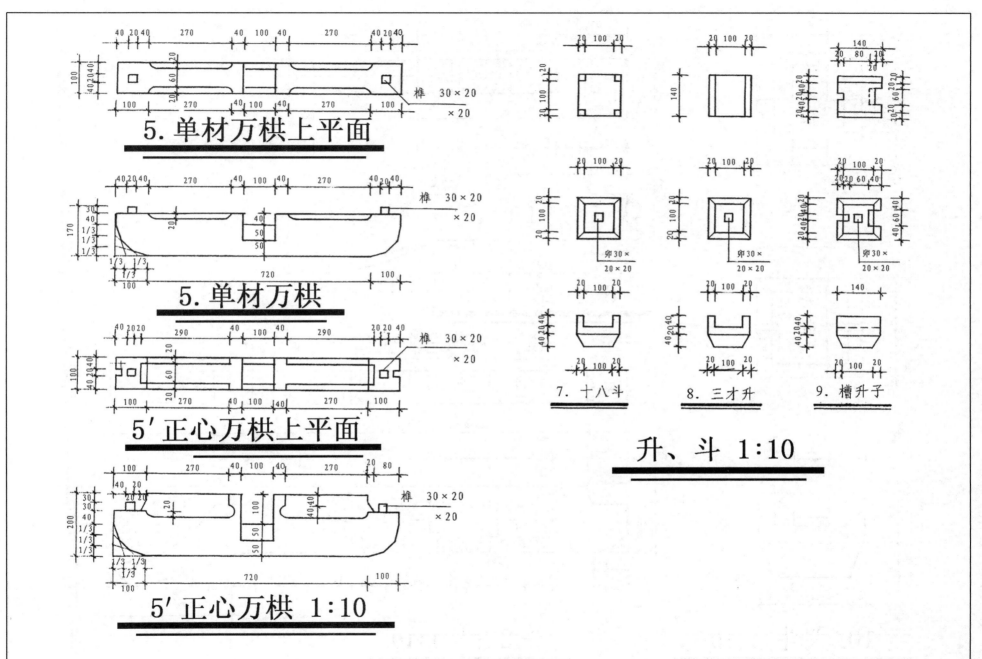

5. 单材万栱上平面

榫 30×20 ×20

5. 单材万栱

榫 30×20 ×20

5′ 正心万栱上平面

榫 30×20 ×20

5′ 正心万栱 1:10

卯 30× 20×20

卯 30× 20×20

卯 30× 20×20

7. 十八斗　　8. 三才升　　9. 槽升子

升、斗 1:10

图 4-5-2

175

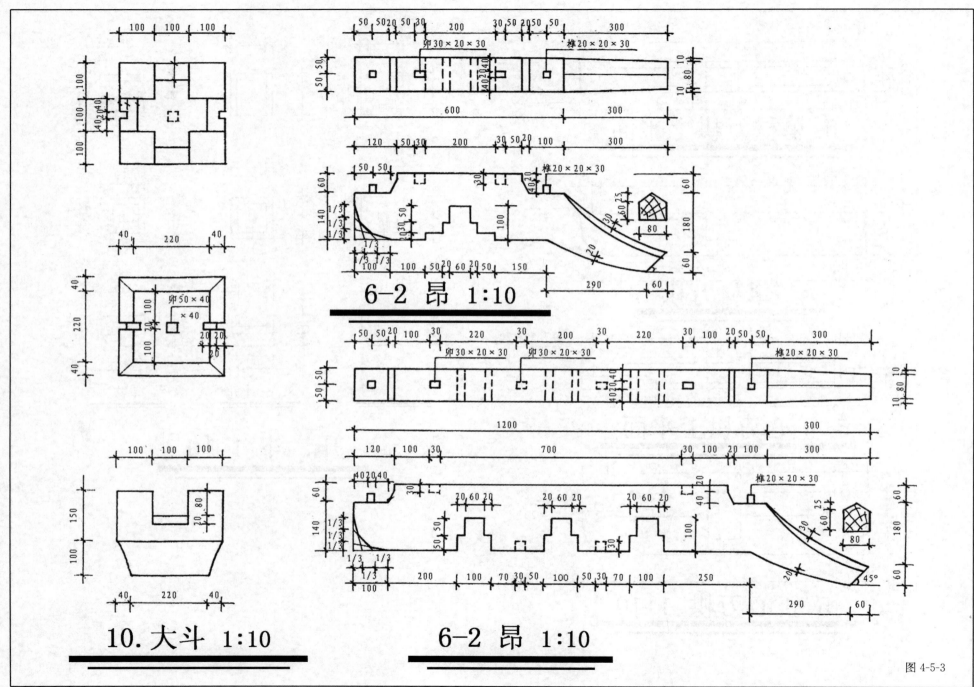

6-2 昂 1:10

10. 大斗 1:10

6-2 昂 1:10

图 4-5-3

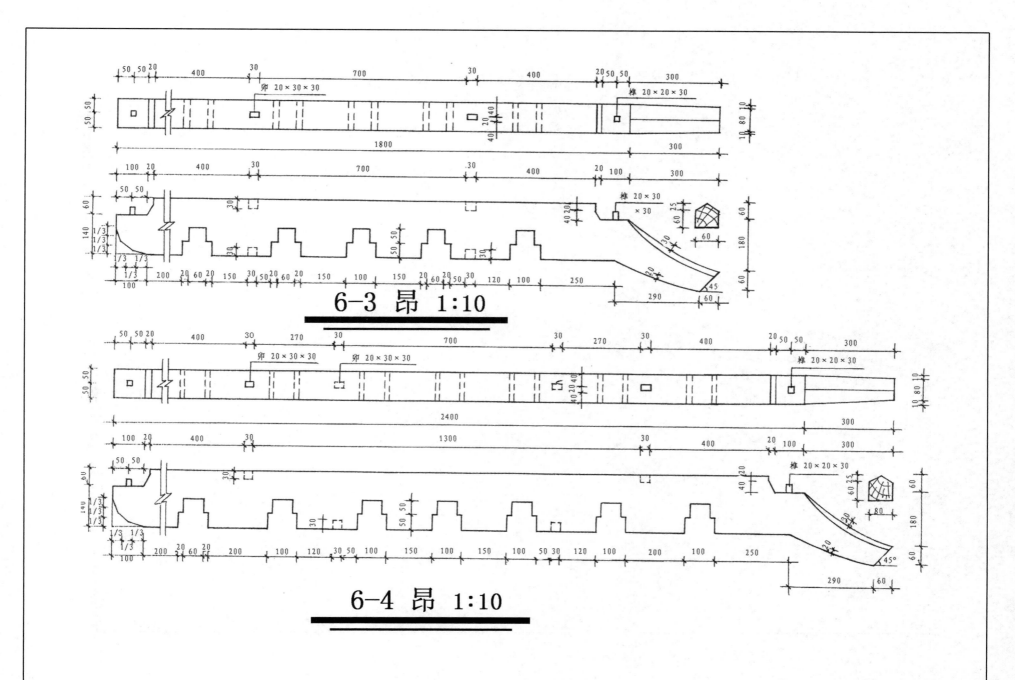

6-3 昂 1:10

6-4 昂 1:10

图 4-5-4

六 附 图

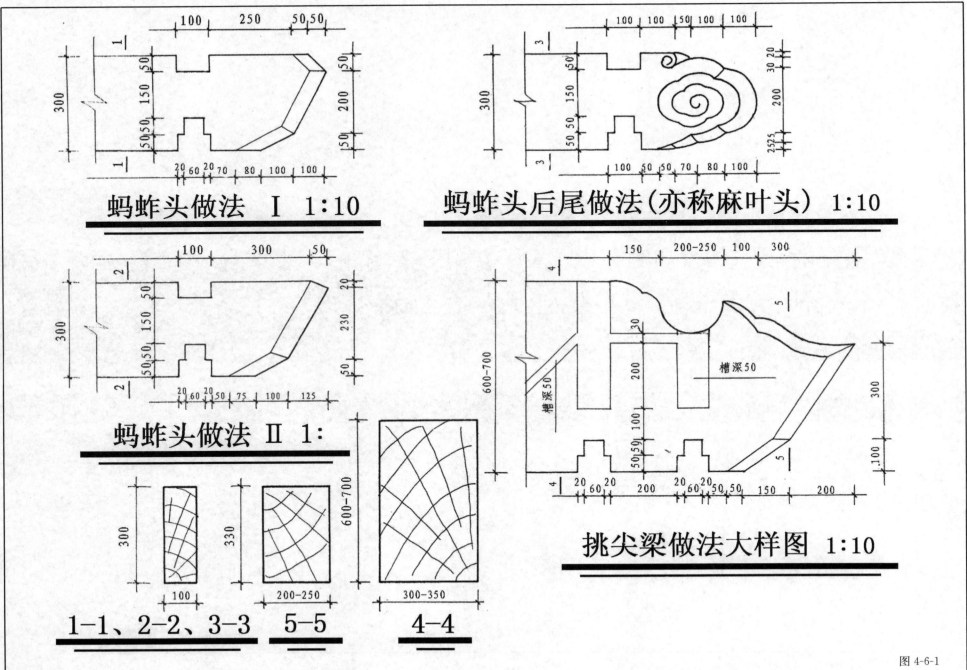

蚂蚱头做法　Ⅰ　1:10

蚂蚱头后尾做法（亦称麻叶头）　1:10

蚂蚱头做法　Ⅱ　1:

挑尖梁做法大样图　1:10

1-1、2-2、3-3　　5-5　　4-4

图 4-6-1

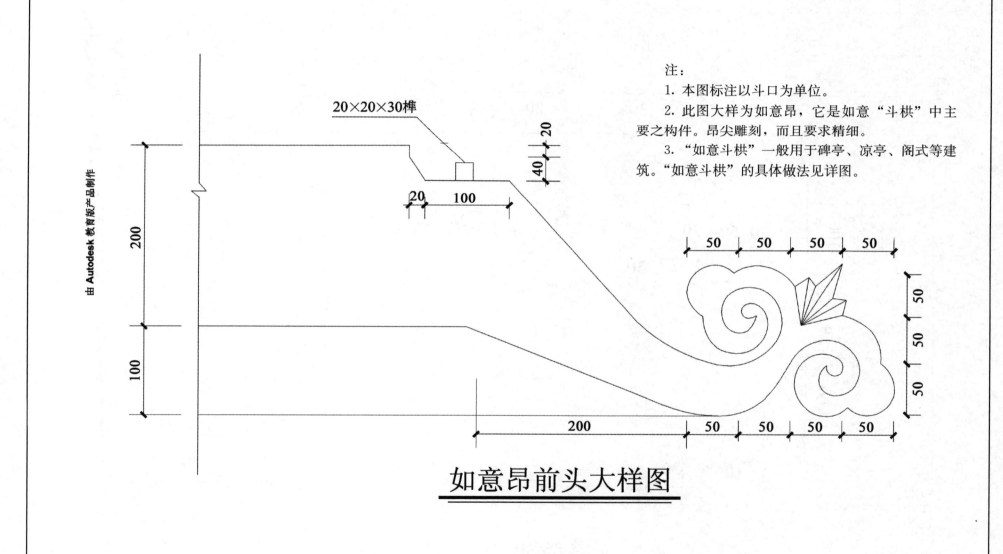

由 Autodesk 教育版产品制作

20×20×30榫

20

40

20   100

200

100

200   50   50   50   50

50

50

50

50

注：

1. 本图标注以斗口为单位。

2. 此图大样为如意昂，它是如意"斗栱"中主要之构件。昂尖雕刻，而且要求精细。

3. "如意斗栱"一般用于碑亭、凉亭、阁式等建筑。"如意斗栱"的具体做法见详图。

50   50   50   50

如意昂前头大样图

图 4-6-2

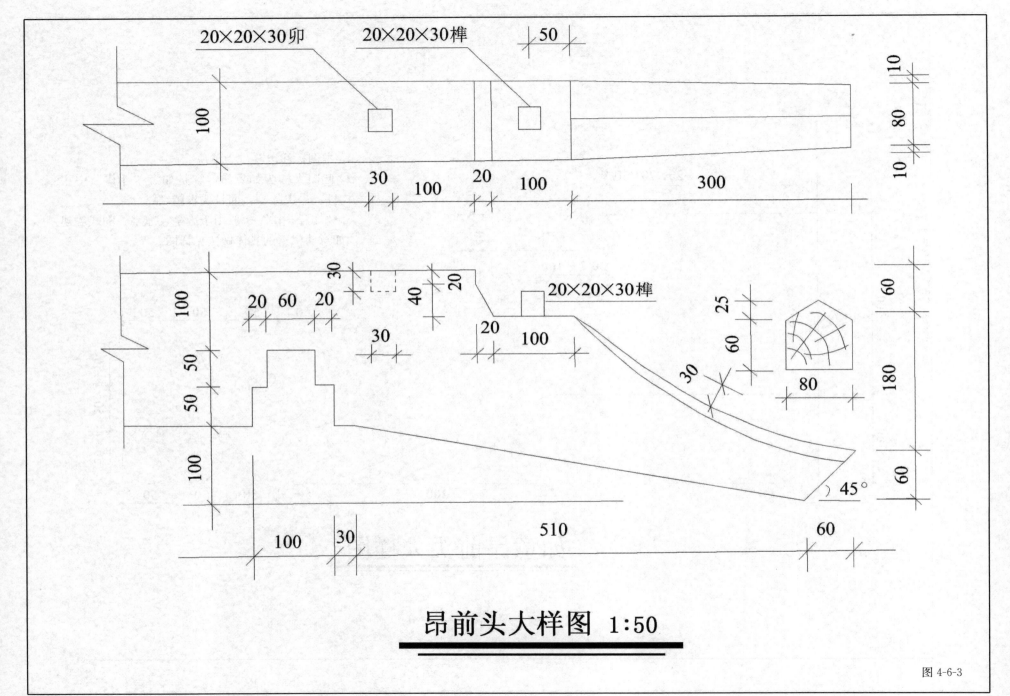

20×20×30卯　　20×20×30榫　　50

100

30　100　20　100　300

10　80　10

30　20

100

20　60　20　40　20

30

30

50　50

20×20×30榫

100

100

25　60　30

80

60　180　60

510　60

100　30　45°

昂前头大样图 1:50

图 4-6-3

182

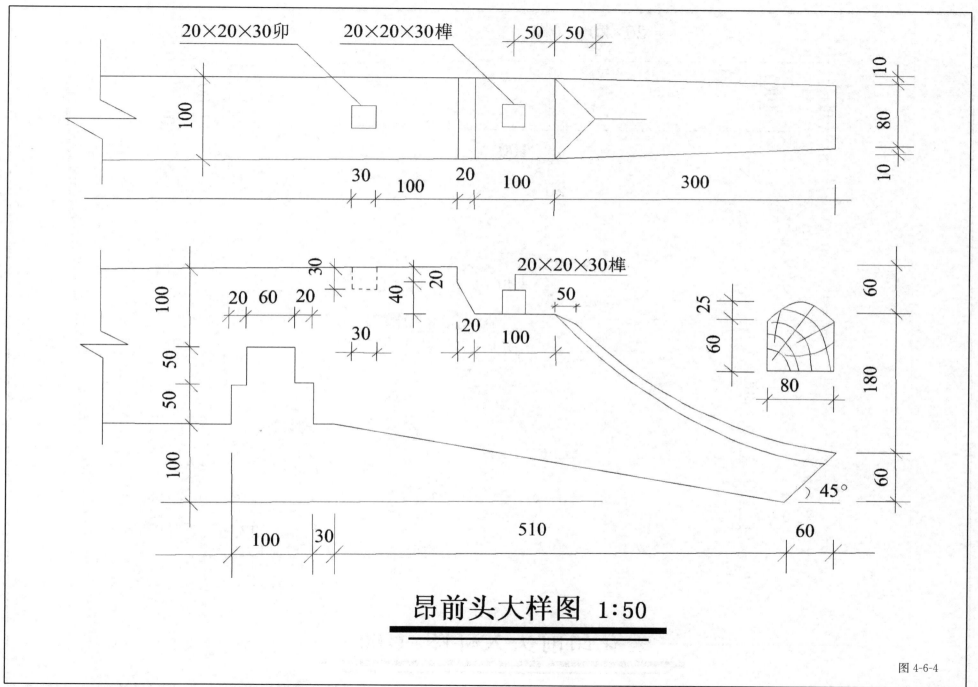

20×20×30卯　　20×20×30榫　　50　50
10
100
80
10
30　100　20　100　300

30
100
20　60　20　40　20
30
20×20×30榫
50
60
25
60
50
50
20　100
180
100
80
60
45°
100　30　510　60

昂前头大样图 1:50

图 4-6-4

183

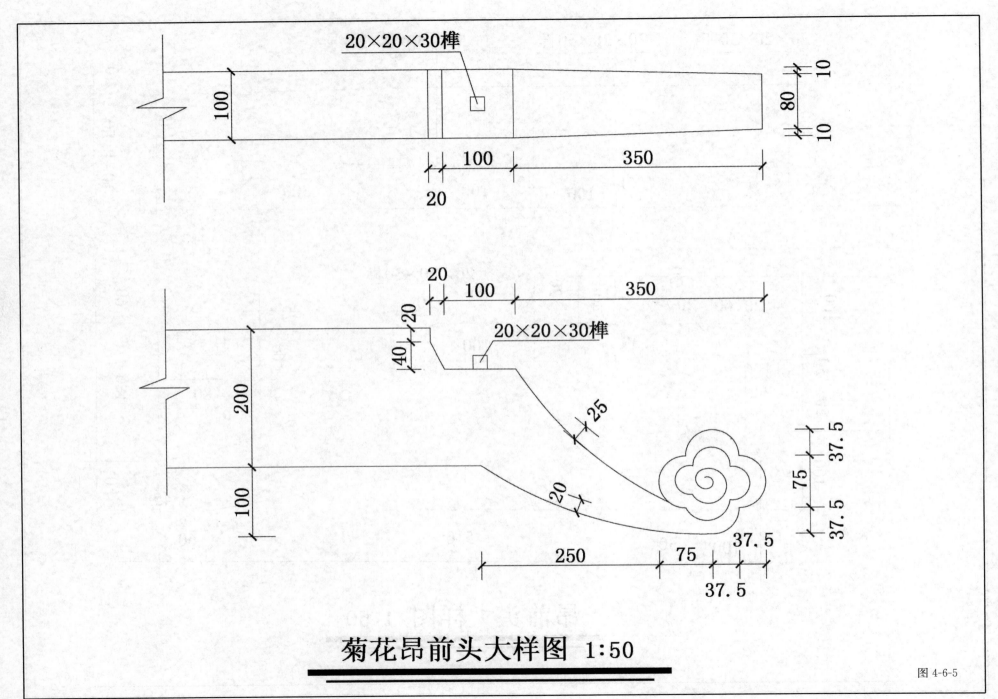

菊花昂前头大样图 1:50

图 4-6-5

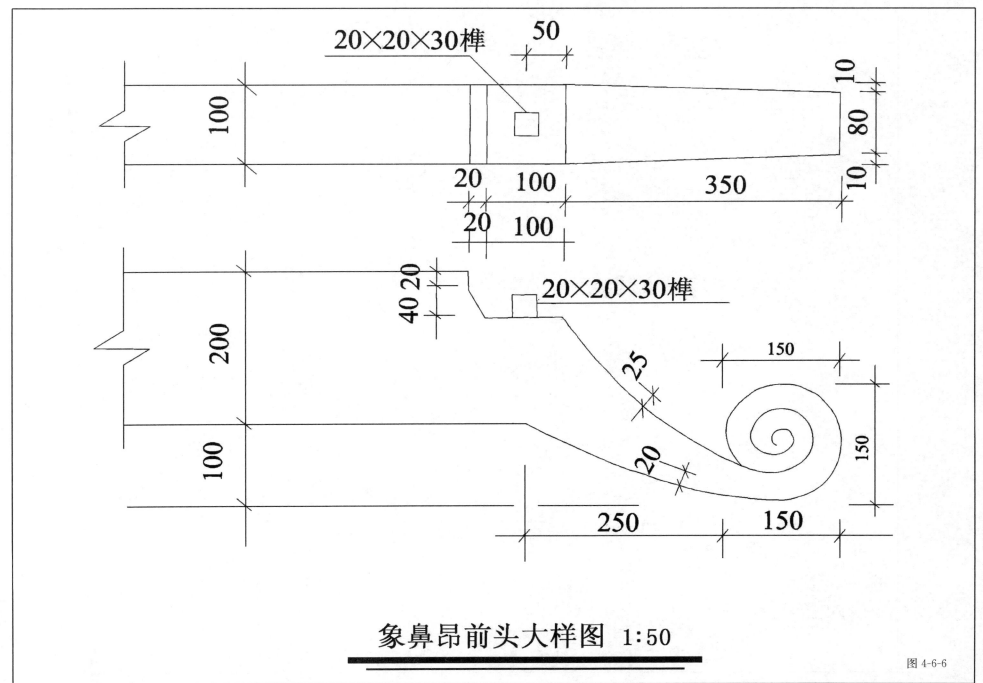

象鼻昂前头大样图 1:50

图 4-6-6

第五章　宋式斗栱

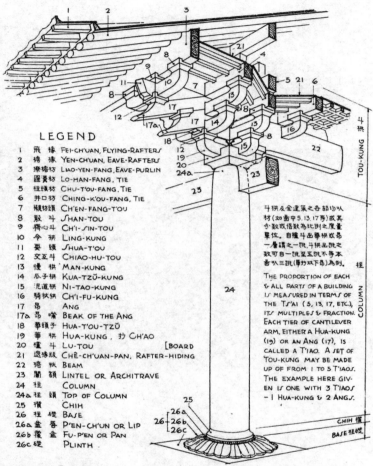

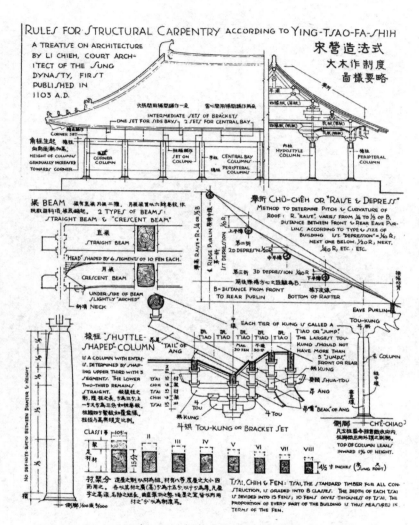

梁思成文集 (三) 第二图 中国建筑之 "ORDER"

第三图 宋《营造法式》大木作制度图样要略

图 5-1-1

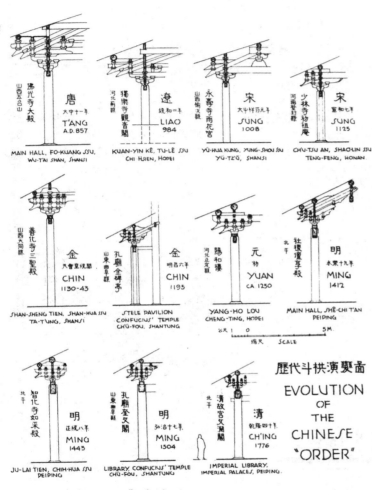

梁思成文集（三）第一八九图　历代斗栱演变图

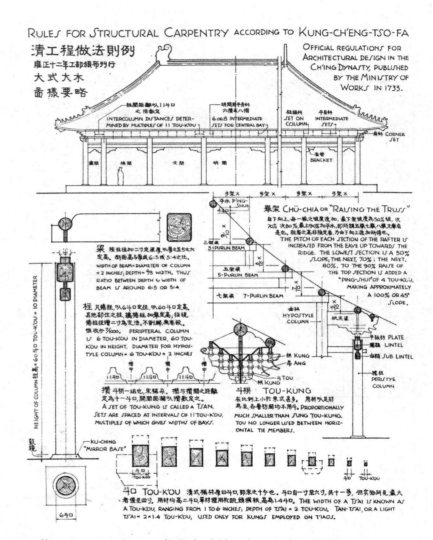

第四图　清工部《工程做法则例》大式木作图样要略

图 5-1-2

第一等
广九寸厚六寸

殿身九间至
十一间用之，
副阶并挟屋
材分减殿身
一等廊屋减
挟屋一等

第二等
广八寸
二分五厘
厚五寸五分

殿身五间至
七间则用之

第三等
广七寸五分
厚五寸

殿身三间至
五间或堂七
间则用之

第四等
广七寸二分
厚四寸八分

殿三间厅堂
五间则用之

第五等
广六寸六分
厚四寸四分

殿三间厅
堂三大间
则用之

第六等
广六寸
厚四寸

亭榭或小
厅堂用之

第七等
广五寸二分
五厘
厚三寸五分

小殿及亭榭
等用之

第八等
广四寸五分
厚三寸

殿内藻井或
小亭榭施铺
作多则用之

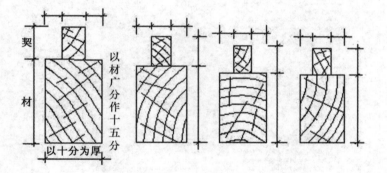

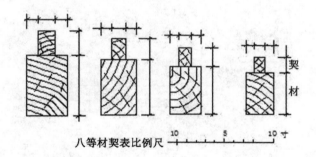

八等材契表比例尺

10   5   10 寸

大木作八等图样

图 5-1-3

190

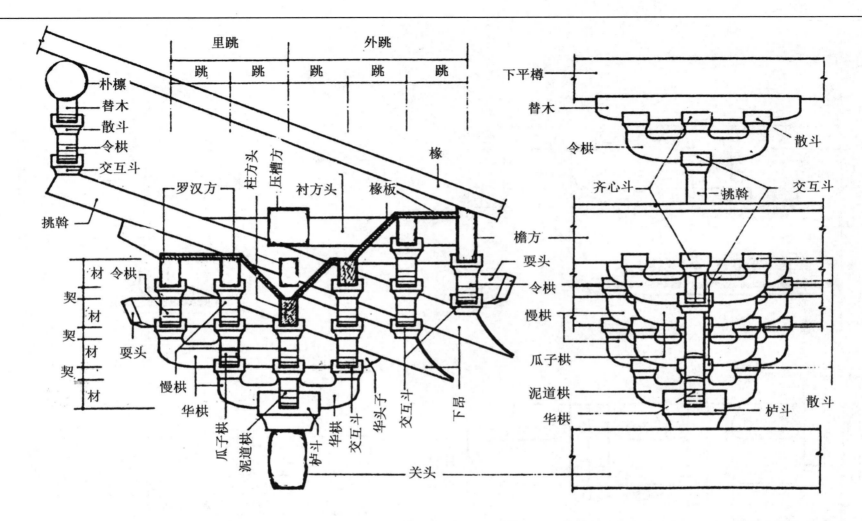

里跳　　　　　外跳
跳　　跳　　跳　　跳　　跳

朴檩
替木
散斗
令栱
交互斗
挑斡

罗汉方　柱方头　压槽方　衬方头　椽板　橼

材　令栱
契　材
契　材
契　材
契　材

耍头
慢栱
华栱
瓜子栱
泥道栱
栌斗　华栱　交互斗　华头子　交互斗　下昂

关头

下平槫
替木
令栱　　　　散斗
齐心斗　　挑斡　　交互斗
檐方
耍头
令栱
慢栱
瓜子栱
泥道栱
华栱　　　　栌斗　散斗

六铺作重栱出单抄双下昂—里转五铺作重栱出两抄并计心

斗栱部分剖面各部件名称

图 5-1-4

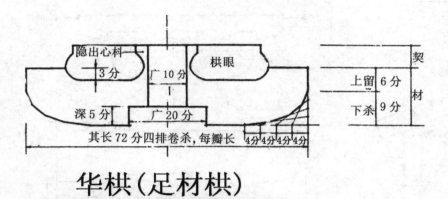

华栱（足材栱）

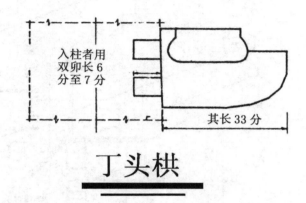

丁头栱

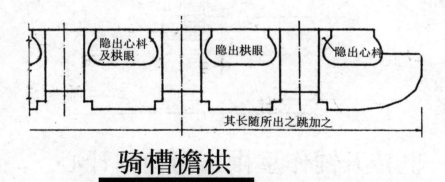

骑槽檐栱

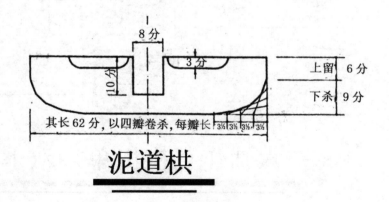

泥道栱

图 5-1-5

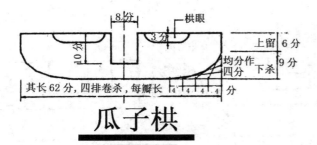

瓜子栱

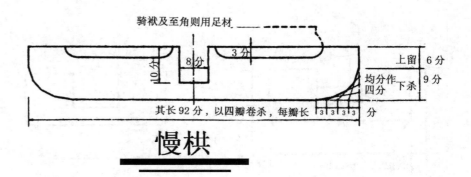

慢栱

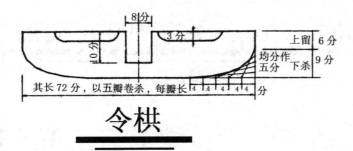

令栱

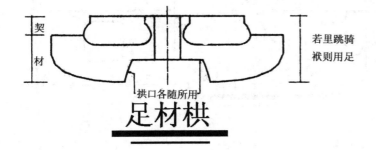

足材栱

鸳鸯交手栱

图 5-1-6

193

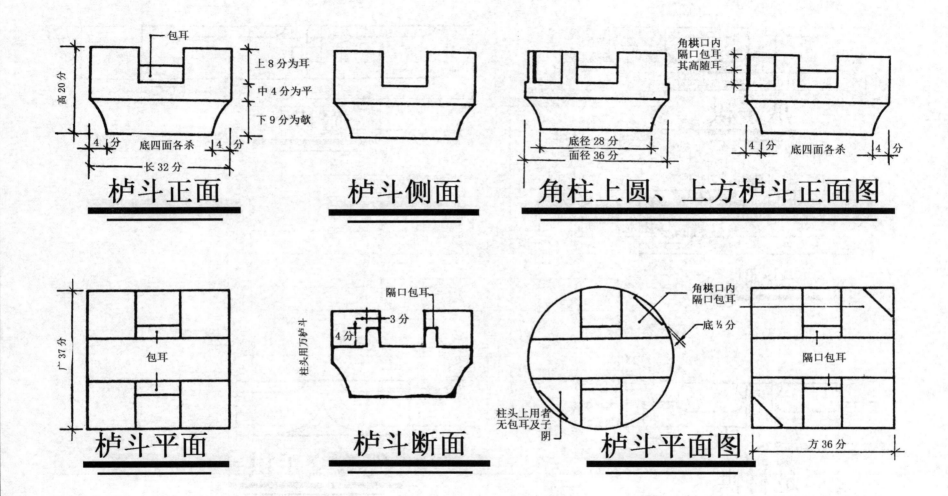

包耳

高20分

上8分为耳
中4分为平
下9分为欹

4分　底四面各杀　4分
长32分

栌斗正面

栌斗侧面

角柱上圆、上方栌斗正面图

角栱口内
隔口包耳
其高随耳

底径28分
面径36分

4分　底四面各杀　4分

广37分

包耳

栌斗平面

隔口包耳
3分
4分

柱头用方栌斗

栌斗断面

角栱口内
隔口包耳

底½分

柱头上用者
无包耳及子
阴

栌斗平面图

隔口包耳

方36分

图 5-1-7

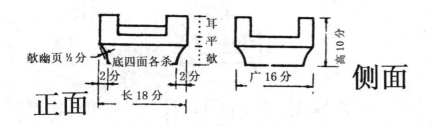

正面

歆幽页½分　底四面各杀　耳　平　歆

2分　长18分　2分

广16分　高10分　侧面

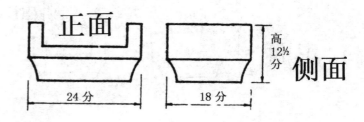

正面

24分　18分　高12½分　侧面

屋内梁袱下用者谓之交袱斗

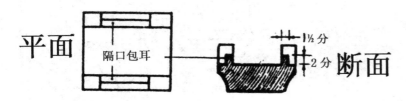

平面　隔口包耳

1½分　2分　断面

华栱出跳上用+字开口四耳

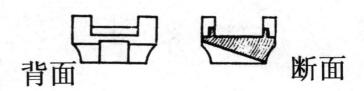

背面　断面

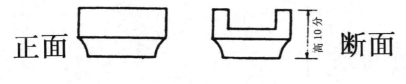

正面　高10分　断面

施于替木下者　顺耳开口两耳

交互斗

骑昂交互斗

图 5-1-8

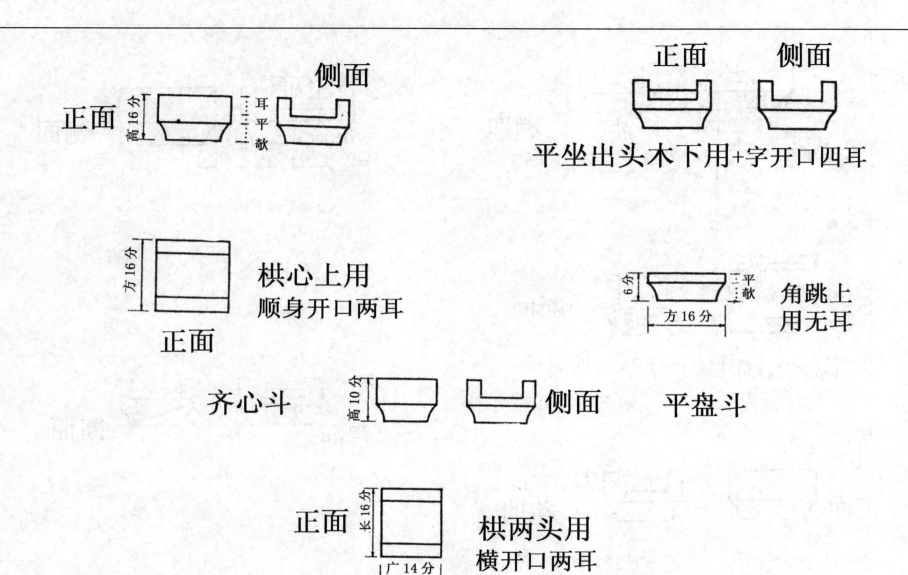

正面　　侧面

正面　　侧面

平坐出头木下用+字开口四耳

高16分
耳平敲

方16分
棋心上用
顺身开口两耳
正面

6分　平敲
方16分
角跳上
用无耳

齐心斗

高10分
侧面

平盘斗

正面

长16分
广14分
棋两头用
横开口两耳

散斗

图 5-1-9

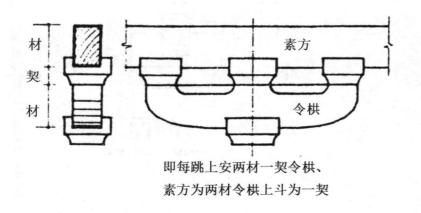

即每跳上安两材一契令栱、
素方为两材令栱上斗为一契

素方在泥道栱上者谓之柱头方、 在跳上者谓之罗汉方

单栱

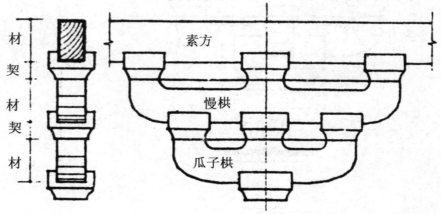

即每跳上安三材两契。瓜子栱、
慢栱、素方为三材瓜子栱,上斗
慢栱,上斗两契

重栱

图 5-1-10

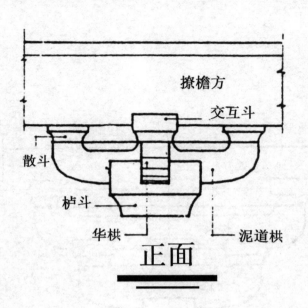

正面

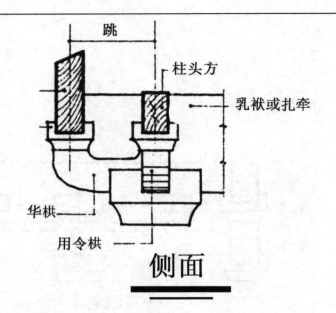

侧面

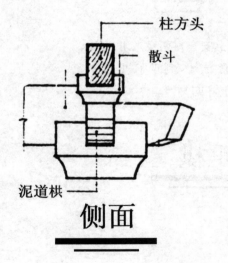

侧面

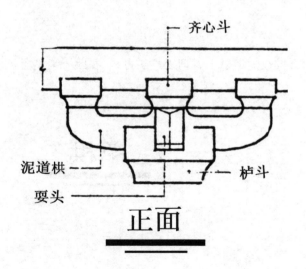

正面

栱枋示意图

图 5-1-11

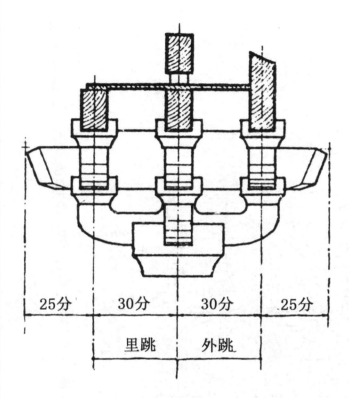

四铺作，里外并一抄
卷头壁内用重栱。

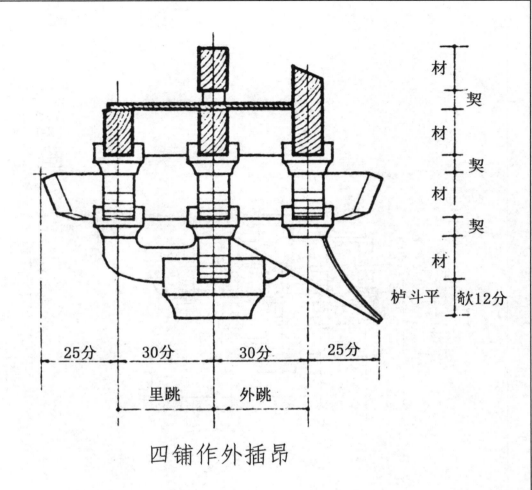

四铺作外插昂

材
契
材
契
材
契
材
契
材
栌斗平   㰡12分

25分　30分　30分　25分
里跳　　外跳

下昂出跳剖面图一

图 5-1-12

199

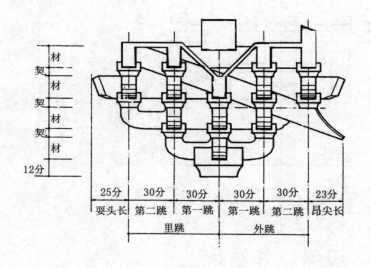

五铺作重栱出单抄单下昂，里转五铺作重栱出两抄，并计心

材
契
材
契
材
契
材
二
12分

25分	30分	30分	30分	30分	23分
耍头长	第二跳	第一跳	第一跳	第二跳	昂尖长
	里跳		外跳		

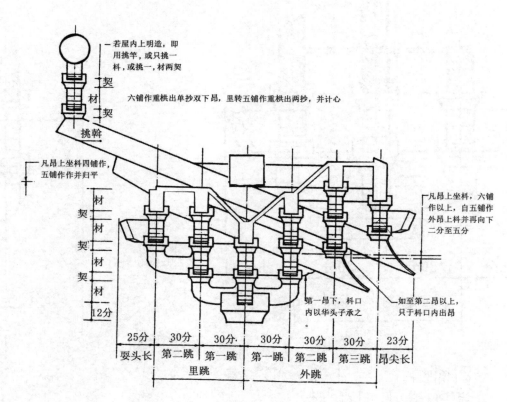

若屋内上明造，即用挑竿，或只挑一料，或挑一，材两契

二契
材
二契

挑斡

六铺作重栱出单抄双下昂，里转五铺作重栱出两抄，并计心

凡昂上坐料四铺作，五铺作并归平

凡昂上坐料，六铺作以上，自五铺作外昂上料并再向下二分至五分

第一昂下，料口内以华头子承之

如至第二昂以上，只于料口内出昂

材
契
材
契
材
契
材
12分

25分	30分	30分	30分	30分	30分	23分
耍头长	第二跳	第一跳	第一跳	第二跳	第三跳	昂尖长
	里跳		外跳			

下昂出跳剖面图二

图 5-1-13

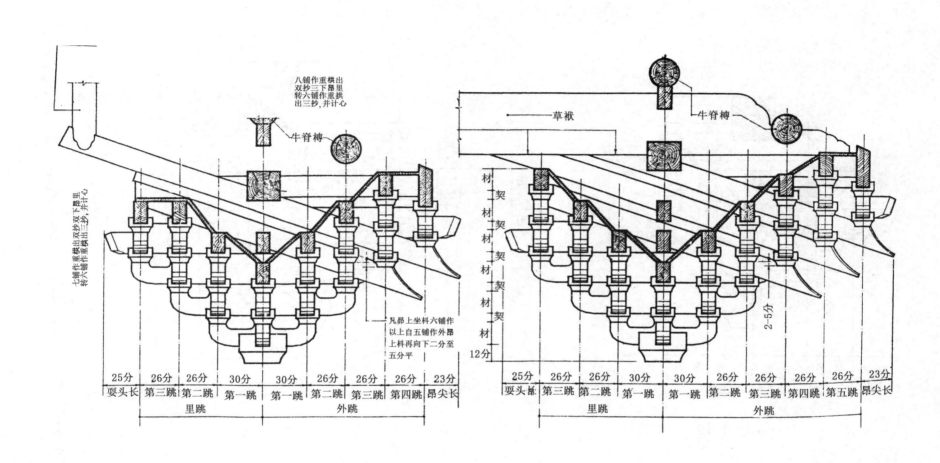

下昂出跳剖面图三

图 5-1-14

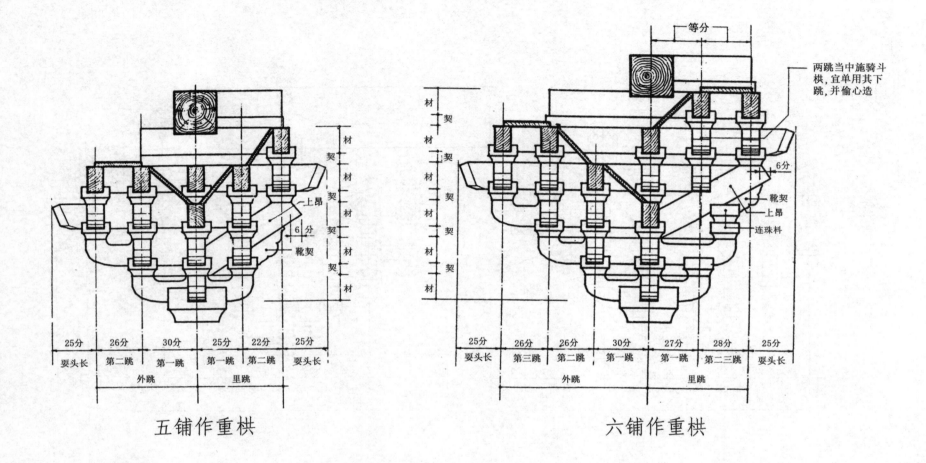

五铺作重栱   六铺作重栱

两跳当中施骑斗
栱,宜单用其下
跳,并偷心造

上昂

靴契

连珠枓

上昂出跳剖面图一

图 5-1-15

202

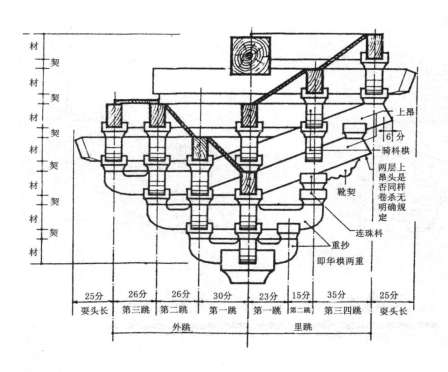

七铺作重栱

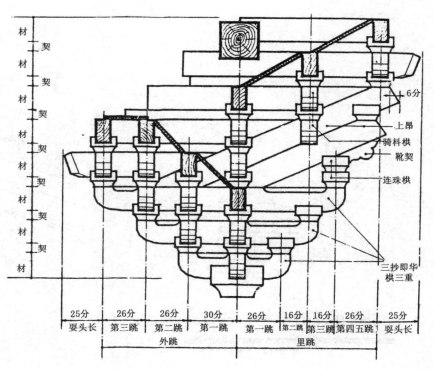

八铺作重栱

上昂出跳剖面图二

图 5-1-16

203

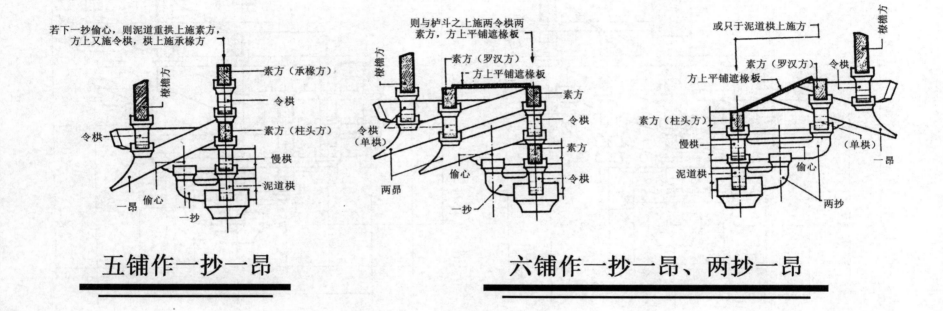

若下一抄偷心，则泥道重栱上施素方，
方上又施令栱，栱上施承橼方

橑檐方
令栱
素方（承橼方）
令栱
素方（柱头方）
慢栱
泥道栱
一昂
偷心
一抄

五铺作一抄一昂

则与栌斗之上施两令栱两
素方，方上平铺遮椽板

橑檐方
素方（罗汉方）
方上平铺遮椽板
素方
令栱
素方
令栱
偷心
两昂
一抄
一昂

六铺作一抄一昂、两抄一昂

或只于泥道栱上施方
橑檐方
素方（罗汉方）
令栱
方上平铺遮椽板
素方（柱头方）
慢栱
（单栱）
泥道栱
偷心
两抄
一昂

五六铺作剖面图

图 5-1-17

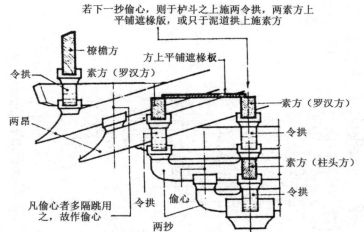

若下一抄偷心，则于栌斗之上施两令拱，两素方上
平铺遮椽版，或只于泥道拱上施素方

椽檐方

令拱

方上平铺遮椽板

素方（罗汉方）

两昂

素方（罗汉方）

令拱

素方（柱头方）

令拱

凡偷心者多隔跳用
之，故作偷心

令拱

偷心

两抄

若下一抄偷心，则于泥道拱上施方，两
方上又施重拱素方，方上平铺遮椽板

椽檐方

令拱

方上平铺遮椽板

素方（柱头方）

素方（罗汉方）

慢拱

泥道拱

素方（柱头方）

令拱

三昂

泥道拱

下两抄偷心

两抄

此跳未规定
计心亦偷心

单拱七铺作两抄两昂

单拱八铺作两抄三昂

单拱七、八铺作剖面图

图 5-1-18

205

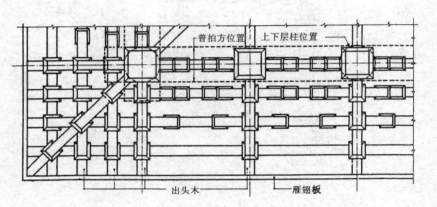

普拍方位置　上下层柱位置

出头木　　　雁翅板

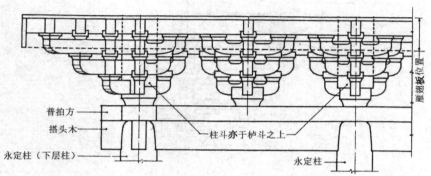

普拍方
搭头木
永定柱（下层柱）
柱斗亦于栌斗之上
永定柱
雁翅板位置

转角、补间、柱头铺作平立面图

图 5-1-19

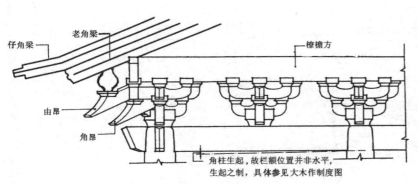

仔角梁　老角梁　　椽檐方

由昂

角昂

角柱生起，故栏额位置并非水平，
生起之制，具体参见大木作制度图

四铺作壁内重栱插下昂

老角梁　　　　椽檐方
仔角梁

由昂
角神

角华拱

角柱生起且侧脚，故铺
作中线随之偏侧。侧脚
之制，具体参见大木作制度图

五铺作重栱单抄单下昂逐跳计心

四五铺作柱头补间转角立面大样图

图 5-1-20

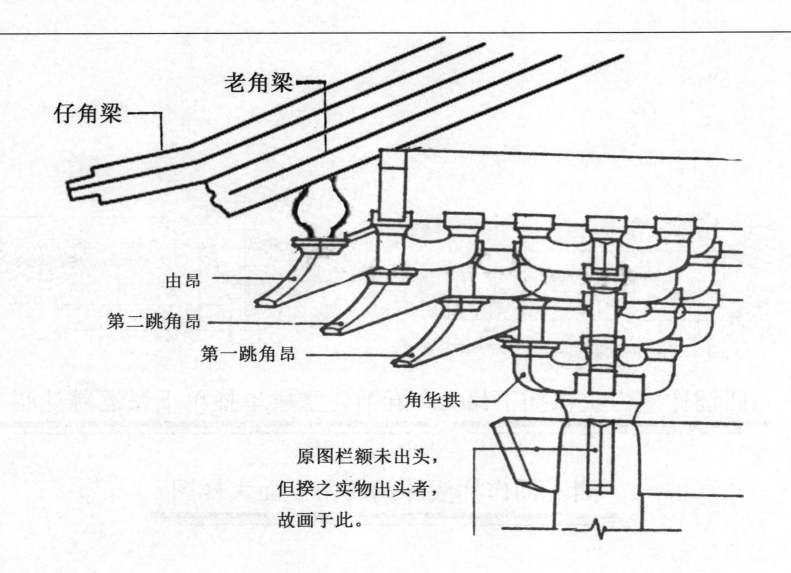

仔角梁

老角梁

由昂

第二跳角昂

第一跳角昂

角华拱

原图栏额未出头，
但揆之实物出头者，
故画于此。

六铺作重栱出单抄、双下昂逐跳计心

图 5-1-21

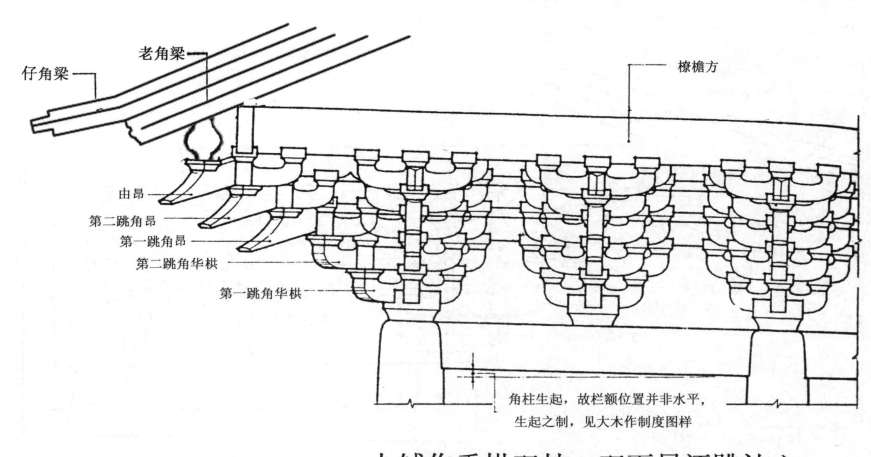

仔角梁

老角梁

橑檐方

由昂

第二跳角昂

第一跳角昂

第二跳角华栱

第一跳角华栱

角柱生起，故栏额位置并非水平，
生起之制，见大木作制度图样

七铺作重栱双抄、双下昂逐跳计心

七铺作柱头、补间、转角立

图 5-1-22

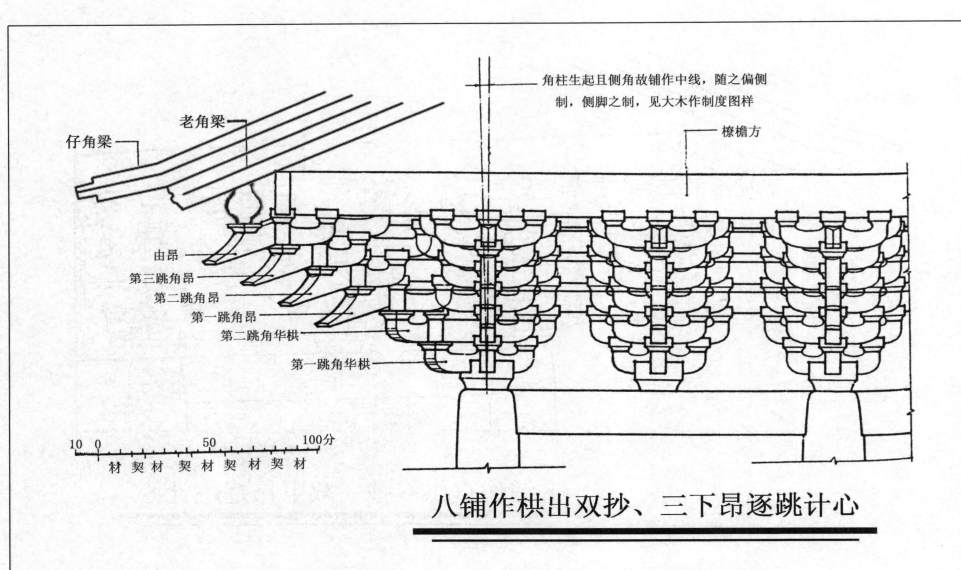

角柱生起且侧角故铺作中线，随之偏侧制，侧脚之制，见大木作制度图样

橑檐方

仔角梁

老角梁

由昂

第三跳角昂

第二跳角昂

第一跳角昂

第二跳角华栱

第一跳角华栱

10　0　　　　50　　　　100分

材　契材　契材　契材　契材

八铺作栱出双抄、三下昂逐跳计心

八铺作柱头、补间、转角立面大样图

图 5-1-23